省级一流课程"煤地质学"系列实习指导书
中央高校教育教学改革专项经费资助(202204)
中国地质大学(武汉)实验教材项目资助

煤层气地质学实习指导书

MEICENGQI DIZHIXUE SHIXI ZHIDAOSHU

主　编　甘华军　王小明
副主编　王　华　严德天

图书在版编目(CIP)数据

煤层气地质学实习指导书/甘华军,王小明主编. —武汉:中国地质大学出版社,2023.12
ISBN 978-7-5625-5733-3

Ⅰ.①煤… Ⅱ.①甘… ②王… Ⅲ.①煤层-地下气化煤气-石油天然气地质-高等学校-教学参考资料 Ⅳ.①P618.11

中国国家版本馆 CIP 数据核字(2023)第 256905 号

煤层气地质学实习指导书		甘华军 王小明 **主 编**
		王 华 严德天 **副主编**
责任编辑:韩 骑	选题策划:韦有福 张晓红	责任校对:徐蕾蕾
出版发行:中国地质大学出版社(武汉市洪山区鲁磨路388号)		邮编:430074
电 话:(027)67883511	传 真:(027)67883580	E-mail:cbb@cug.edu.cn
经 销:全国新华书店		http://cugp.cug.edu.cn
开本:787 毫米×1092 毫米 1/16	字数:134 千字	印张:5.5
版次:2023 年 12 月第 1 版	印次:2023 年 12 月第 1 次印刷	
印刷:湖北金港彩印有限公司		
ISBN 978-7-5625-5733-3		定价:20.00 元

如有印装质量问题请与印刷厂联系调换

《煤层气地质学实习指导书》编委会

主　　编：甘华军　王小明

副主编：王　华　严德天

编委会：刘　贝　伏海蛟　潘思东　李宝庆

　　　　汪小妹　李　晶　李国庆　何　杰

前　言

我国煤层气资源丰富,资源量居世界第三。煤层气作为一种新型洁净能源,在"碳达峰""碳中和"背景下,其开发利用不但可优化我国"富煤缺油少气"的能源资源禀赋条件,而且对改善大气环境和煤矿减灾都有着重要的意义。因此,深入了解煤层气勘探开发就成为资源勘查工程专业人才培养的重要组成部分。

在中国地质大学,煤地质学是一个传统的优势学科和专业,由我校杨起院士于1952年随着煤地质与勘探专业开办而开创,先后有陈钟惠、李思田等一大批煤地质学专家参与了本学科的建设。随着煤地质学理论与技术的革新,为适应新形势煤及煤层气以及煤伴生矿产领域的专业人才及需求,近15年来,经过大量对在厂矿企业工作的毕业学生反馈的收集,教学团队对培养方案不断优化迭代。为了使课程教学实习紧跟时代,配套新仪器,根据国际国内新技术要求,构建室内讲授与室外实习、理论知识与实践技能、专业知识与现代技术相结合的教学内容和知识体系,全方位提升学生的专业能力和综合素质,以王华教授为负责人的国家级教学团队重新编撰了《煤层气地质学实习指导书》。它是煤田地质工作者在生产、科研、教学中总结出来的,具有现代化特点的实践教学体系。

《煤层气地质学实习指导书》是"煤层气勘探开发"课程的实践部分,既可以独立设课,也可以作为"煤层气勘探开发"课程的一部分,对培养学生的动手能力和创新实践能力十分重要。该实习指导书有三个目标:第一是掌握煤储层相关实验与数据分析方法;第二是培养学生动手能力和科研拓展能力,提升学生的团队协作精神、工匠精神和语言沟通能力;第三是培养学生家国情怀和严谨求实、追求卓越的创新潜力与素质。

《煤层气地质学实习指导书》针对行业需求,涵盖了目前煤层气储层地质方面的主要分析测试项目。该实习指导书共分为六部分,分别为绪论、煤储层孔隙裂隙描述、镜质体反射率测定方法、煤的低压气体吸附测试、煤的等温吸附实验、煤的渗透率测试。其中,第一部分和第二部分由甘华军、王小明、伏海蛟、严德天、王华、何杰编写,第三部分由刘贝、潘思东、甘华军、王小明编写,第四部分由王小明、甘华军、严德天、王华编写,第五部分由王小明、甘华军、严德天、李晶编写,第六部分由王小明、甘华军、汪小妹、李国庆编写。

《煤层气地质学实习指导书》由中国地质大学(武汉)实验室与设备管理处资助出版、中央高校教育教学改革专项经费和国家自然科学基金面上基金(42072202、41972184)资助出版,由中国地质大学(武汉)资源学院盆地矿产系组织编写。本教材为"非常规能源地质课程设计"特色实践课程的配套实习指导书,也是"煤层气勘探与开发"课程实践教学的重要组成部分。本实习指导书适用于资源勘查工程(油气、盆地矿产和固体矿产方向)等相关专业四年制本科教学。

本实习指导书可被煤炭、地矿类高校广泛使用,可作为地质工程、安全工程、矿业工程等专业的实验教材和煤层气地质学、瓦斯地质学等方向的教学实习参考书,可供地质、能源等有关生产技术人员参考。

感谢教学团队执教过程中多年的知识积累以及编者们的辛勤编撰。感谢王双明院士、焦养泉教授、王生维教授、李绍虎教授等长期以来对学科专业建设的一贯支持和指导。在教材编写过程中,对资料收集整理和图件清绘以及文字校对工作中辛勤付出的党正、涂明恺、张立炀等博士研究生及宁才倍、陈红锦、别世珍、赵贤、付一鸣、秦晨烊等硕士研究生表示衷心感谢!同时,感谢中国地质大学出版社编辑对稿件的仔细编审校对。

囿于编者自身学识水平,书中难免存在不妥和疏漏之处,恳请读者批评指正,以便再版时予以纠正。

编者
2023 年 6 月

目 录

绪　论 …………………………………………………………（1）
实验一　煤储层孔隙裂隙描述 ………………………………（4）
实验二　镜质体反射率测定方法 ……………………………（18）
实验三　煤的低压气体吸附测试 ……………………………（35）
实验四　煤的等温吸附实验 …………………………………（50）
实验五　煤的渗透率测试 ……………………………………（63）
主要参考文献 …………………………………………………（76）
附　录 …………………………………………………………（79）

绪 论

1 实习目的与意义

煤层气地质学是将煤层气的物质组成、煤储层孔隙裂隙结构、煤储层吸附解吸特征、煤层气含气性特征、煤储层渗透性特征、煤储层力学性质和地球物理学特征进行综合描述分析的一门学科。随着新技术的蓬勃发展和新方法的广泛采用,煤层气地质学的研究经历了从宏观到微观、从定性到定量、从单一手段到多种技术交叉的发展历程。宏观上,主要是用肉眼观察煤的煤体结构和大裂隙系统特点;微观上则主要借助各种先进仪器[如扫描电子显微镜(SEM)、透反偏光显微镜、ZEISS 显微镜搭配 HD 光度计、LEICA DM2700P 显微镜搭配 FossilMan 光度计镜、多站扩展式比表面积及孔径分析仪、煤岩等温吸附测试系统、三轴应力约束渗透率测试装置等]对煤的显微孔隙裂隙、微尺度孔径、吸附能力、渗透能力等特点进行研究。应用煤层气地质学方法确定煤的孔渗性、含气性特征,是评定煤层气储层产气潜力的重要依据,也是煤层气勘探开发的重要基础,从而推动了煤层气储层参数评价的广泛应用。

近年来,煤层气勘探开发利用越来越受到重视,煤层气储层特征评价的重要性越来越明显,例如,在新区勘探和新井评价等方面,均需要准确的煤层气储层参数作为下一步勘探部署的重要手段。因此,煤层气地质学作为一门基础学科,在指导煤层气勘探开发方面具有其他学科不可替代的优势。在煤层气勘探开发中,镜质体反射率可以评价煤的成熟度、沉积盆地的热演化史和构造史,以及预测煤层气的赋存等;在煤的孔隙裂隙评价方面,显微孔裂隙分析方法可以评价煤的储存空间,确定含气性和吸附性;在煤的吸附性能评价方面,通过等温吸附测试分析有助于分析煤层气的开发潜能,获取煤的含气饱和度、临界解吸压力、采收率等核心产能评价参数;在煤的孔径分布方面,应用先进的仪器可以测试不同气体介质条件下煤的孔径分布状况,为分析煤层气的赋存空间和流动特性提供合理的解释和依据;在煤的渗透性方面,应用先进的仪器可以测试了解煤储层的渗透率,为煤层气流动特性和产能分析提供数据支撑。

煤层气地质学实践教学是资源勘查工程专业教学的重要组成部分,也是相关专业学生持续学习或步入工作前的一个重要环节,目的是培养学生的动手能力和分析各种煤储层地质学问题的能力。整个实习过程包括实验环节、分析和讨论、归纳和总结,最后按照规范格式要求撰写实习报告。学生通过室内实践教学实习,能够训练和培养基本专业技能与工作方法,培养分析问题和解决问题的综合实践能力及创新能力,全面提高素质,其目的包括以下3个方面。

(1)通过实验(习)环节,增加资源勘查工程专业及其相关专业本科生对煤储层特征的深刻认识;掌握煤的孔隙裂隙描述、镜质体反射率测定、煤的低压等温吸附、吸附能力、渗透能力等基本专业知识,培养本科生从事煤层气地质学实验的基本技能;在实验基本技能和数据处理方面对学生进行必要的基本训练,从而进一步巩固所学的专业理论知识,提高煤层气地质学储层参数的分析能力。

(2)通过实验(习)环节,提高学生操作实验仪器的能力和分析数据的能力,让学生了解和熟悉有关的仪器、仪表的正确使用方法,培养学生严谨的科学作风和独立工作的能力,锻炼学生运用科学方法进行测试分析和科学研究的基本能力。通过编写实习报告,为学生今后阅读专业文献和资料以及撰写科研论文打下基础,培养学生科学研究的意识。

(3)通过实验(习)环节,培养学生动手能力和科研拓展能力,提升学生的团队协作精神、工匠精神和语言沟通交流能力,培养学生的家国情怀和严谨求实、追求卓越的创新潜力与素质。

实验的意义包括以下3个方面。

(1)培养与时俱进的人才:课程授课对象为资源勘查工程专业三年级本科生,学生已具备了煤岩及煤化学、煤层气地质学等基础知识,但所学知识与生产实际结合不够紧密,学习主动性不强。构建专业知识与现代技术相结合的实习实践的配套教学可以把煤炭行业市场需求与课本知识深度融合,摸清煤炭行业市场需求对人才培养的新要求,构建具有信息化技术特色的知识体系,从而增强学生对煤层气地质学工作重要性的认知,激励学生积极投身于煤炭事业,贡献自己的聪明才智。

(2)实习内容实现了多学科的知识交叉与多种技术方法手段的深度融合。结合了地质学、沉积学、地球化学等多学科新的理论知识与技术方法,教会学生使用学科交叉思维去分析问题,综合利用多种技术手段去解决问题,高效支撑着学生学科交叉思维和创新能力的培养。

(3)全方位提升学生的专业能力和综合素质,从室内学习、野外学习多维度地将理论与实践紧密结合,促使学生忙起来,巩固了学习效果,提升了学生的专业素质,课程团队也将不断地深化教学,为国家能源安全和为党育人、为国育才持续贡献我们的力量。

2 实习内容设置

本次实习主要针对煤储层孔隙裂隙描述、镜质体反射率测定、煤的低压气体吸附测试、煤的等温吸附实验和煤储层的渗透率实验等内容展开实践教学,是学生学完煤层气地质学和煤层气勘探开发之后进行的课程实践。煤层气地质学实习设置的实践教学内容有以下 5 个方面：①煤储层孔隙裂隙宏观微观描述；②镜质体反射率测定分析；③煤的低压气体吸附实验测试与分析；④煤的等温吸附实验测试与分析；⑤煤的渗透率实验测试与分析。

3　教学程序

该实习时间安排为 4 周，包括以下 4 个阶段。

1）实习准备阶段

通过实习动员，使学生了解实习的目的、内容、安排及要求达到的目标，为实习做好充分准备。准备工作包括以下几个方面：①熟悉实习大纲，明确实习目的、任务和要求以及各教学阶段主要教学内容、教学要点等；②分组，选定实习小组组长；③准备实习用具。

2）实习教学阶段

学生在教师的带领下，进行相关实习内容的学习，完成教学实习的基本训练内容。为使学生尽快掌握各项实习内容，在教学方式和手段等方面师生都应积极探索、改革和创新，以保障教学质量，并为以后教学实践奠定良好的基础。

3）独立实践阶段

该阶段具有考核性质，以学生独立完成为主，教师进行指导，学生以小组为单位在教师的适当引导下独立完成相关实习任务。

4）实习报告编写阶段

该阶段是教学实习总结性环节。培养学生对实践过程中所得数据进行整理、归纳和处理的初步能力；对各种实验结果进行分析拓展能力；运用基础地质知识和煤层气地质学理论进行分析，培养正确的地质思维和编写地质报告的综合能力。为了进行全面训练和总结，按大纲要求，每个学生都应独立完成相关实践教学内容。

实验一 煤储层孔隙裂隙描述

煤储层是由孔隙、裂隙组成的双重结构系统(傅雪海等,1999)。其中,孔隙是煤层气的主要储集场所(苏现波和吴贤涛,1996),其发育程度决定了煤储层的储气能力;裂隙连通煤储层的孔隙,是煤层气运移和产出的主要通道,其发育程度决定了煤储层的渗透率。对于煤层气储层来说,孔隙裂隙特征是评价储层物性、预测煤储层渗透率、确保煤层气高效开发的关键因素。

1 实验目的与要求

通过本次课程实验,学生需要达到以下目的与要求。

(1)肉眼鉴定块状煤样内生和外生裂隙,并能进一步识别裂隙与层面关系、组合形状、发育程度及其延伸方向。

(2)使用显微镜观察煤砖的孔洞和微裂隙系统,并对各种煤微裂隙的发育情况、展布特征有初步的认识。

(3)对煤样进行宏观观察,观察其煤岩特征及宏观裂隙分布形态。将煤样制成块状煤砖和粉状煤砖并在显微镜下观察微观孔裂隙形态特征,每位小组成员都应参与到煤样的观察中。

(4)对观察结果进行充分讨论,完成实验报告。

2 实验原理

煤是一种孔裂隙系统双重发育的多孔介质和有机岩,煤中的孔裂隙是影响煤层气赋存、运移和开发效果的关键物性参数。不同尺度裂隙对煤层气的作用机理及特征各不相同(ХодотВВ,1966):煤层气在大裂隙(宏观裂隙)中主要以游离态形式储集,以渗流方式运移;煤微孔裂隙是煤层气吸附储集的主要场所,煤层气在微孔裂隙中以吸附、充填方式储集,并以吸附态储集为主,而其运移方式主要为扩散(甘华军等,2010)。

1) 宏观裂隙

煤的裂隙按照成因可以分为内生裂隙和外生裂隙。内生裂隙主要发育于光亮煤分层中，尤其是镜煤条带或者透镜体中；外生裂隙是煤受构造应力作用产生的裂隙，可以出现在煤层的任何部位，往往可以穿过多个煤岩分层，大裂隙甚至可以穿透煤层。煤岩的宏观观察看到的裂隙大部分以内生裂隙为主（表1-1）。

表1-1 宏观裂隙级别划分及分布特征（引自傅雪海，2007）

裂隙级别	高度	长度	密度	切割性	裂隙形态特征	成因
大裂隙	数十厘米至数米	数十米至数百米	数条/m	切穿整个煤层甚至顶底板	发育一组，断面平直，有煤粉，裂隙宽度数毫米到数厘米，与煤层层理面斜交	外应力
中裂隙	数厘米至数十厘米	数米	数十条/m	切穿几个宏观煤岩类型分层（包括夹矸）	常发育一组，局部两组，断面平直或呈锯齿状，有煤粉	外应力
小裂隙	数毫米至数厘米	数厘米至1m	数十条/m至200条/m	切穿一个宏观煤岩类型分层或几个煤岩成分分层，一般垂直或近垂直于层理分布	普遍发育两组，面裂隙较端裂隙发育，断面平直	综合作用
微裂隙	数毫米	数厘米	200至500条/m	局限于一个宏观煤岩类型或几个煤岩成分（镜煤、亮煤）分层中，垂直于层理面	发育两组以上，方向较为凌乱	内应力

(1) 外生裂隙发育特点：①外生裂隙发育不受煤岩类型限制，可切穿几个煤岩分层；②产出方向以各种角度与煤层层理斜交；③裂隙面有波状、羽毛状或光滑的滑动痕迹，被次生矿物或破碎煤屑填充，不平坦、不干净；④有时沿着内生裂隙叠加发育。

(2) 内生裂隙发育特点：①主要发育于镜煤条带或者透镜体中；②垂直或大致垂直层理面；③内生裂隙面平坦光滑，常伴有细密的环纹组成的眼球状张力痕迹；④裂隙方向有大致垂直或者斜交的主次两组。

(3) 内生裂隙的发育情况与煤的变质程度和煤岩类型密切相关：①同一种煤岩类型中内生裂隙的数目随着变质程度由低到高有规律地变化，中煤化阶段的焦煤、瘦煤内生裂隙最发育，低或高煤阶的烟煤则减少，无烟煤和褐煤中内生裂隙很少；②同一变质阶段煤中光亮煤的内生裂隙比较稳定且发育。

2) 微观裂隙

微观裂隙指只有借助显微镜或扫描电镜才可看见的割理。煤中的微裂隙对煤储层的渗透性和煤层气藏的开发具有重要意义。

(1) 微观裂隙发育形态：微观裂隙通常可以根据其发育形态分成 A、B、C、D 型(表1-2)。

表1-2　微观裂隙发育形态分类(引自姚艳斌, 2010)

类型	等级	规模	特征
A型	较大微裂隙	宽度≥5um, 长度≥10mm	连续性好, 延伸远
B型	中等微裂隙	宽度≥5um, 长度<10mm	呈树枝状或羽状组合出现, 其中B型宽度较大, 多为树枝状的树干部分, C型较细而延伸较远, 为树枝状的树枝或树杈部分, 裂隙间的沟通和连通性较好
C型		宽度<5um, 长度≥300μm	
D型	较小微裂隙	宽度<5um, 长度<300μm	多呈树枝状与其他3种类型裂隙沟通, 连通性较差

(2) 微裂隙发育特点：①煤的微裂隙发育具有明显的组分选择性, 即在均质镜质体中发育较好, 而在其他细胞结构保存较好的显微组分(如结构镜质体、丝质体和半丝质体等)中发育较差或不发育；②相对其他煤岩类型, 条带状亮煤或以微镜煤为主的亮煤最有利于微裂隙的发育。

3) 微观孔隙

煤的孔隙是吸附态和游离态煤层气的主要储集场所。煤中孔隙空间由有效孔隙空间和孤立孔隙空间构成, 前者为气、液体能进入的孔隙, 后者则为全封闭性"死孔"。

(1) 煤的孔隙大小分类。煤的孔径结构是研究煤层气赋存状态, 气水介质与煤基质块间物理、化学作用, 以及煤层气解吸、扩散和渗流的基础。煤中的大孔和中孔有利于甲烷气体的运移, 而小孔和微孔则有利于甲烷的吸附(表1-3)。

(2) 煤的孔隙成因类型。基于煤岩的岩石结构和构造不同, 结合煤岩变质程度及变形过程, 将煤储层孔隙按成因不同划分原生孔、后生孔、变质孔、矿物质孔四大类孔隙, 进一步划分为胞腔孔、屑间孔、角砾孔、碎粒孔、摩擦孔、气孔、铸模孔、溶蚀孔和晶间孔九小类(表1-4)。

①原生孔：原生孔是煤沉积时已有的孔隙, 主要有胞腔孔和屑间孔2种。

表 1-3 微观孔隙大小分类

孔隙大小分类方案	孔隙级别				
	大孔	中孔	小孔	微孔	超微孔
霍多特分类(1961) (孔径,0.1nm)	>10 000	10 000~1000	1000~100	<100	
国际纯化学与应用化学联合会(IUPAC)分类(1986) (孔宽,0.1nm)	>500	500~20		<20	
焦作矿业学院分类(1990) (孔径,0.1nm)	>1000	1000~100	100~15	10~15	<10
余启香分类(1992) (孔径,mm)	$10^{-3}\sim10^{-1}$	$10^{-3}\sim10^{-4}$	$10^{-4}\sim10^{-5}$	$<10^{-5}$	
本书分类 (孔径,0.1nm)	>10 000	10 000~1000	1000~100	<100	

表 1-4 煤的孔隙类型及其成因简述(引自张慧,2001)

类型		成因简述	对煤层气的运移作用
原生孔	胞腔孔	成煤植物本身所具有的细胞结构孔	+
	屑间孔	镜屑体、惰屑体和壳屑体内部颗粒之间的孔	+
后生孔	角砾孔	煤受构造应力破坏而形成的角砾之间的孔	+++
	碎粒孔	煤受较严重的构造应力破坏而形成的碎粒之间的孔	++
	摩擦孔	压应力作用下面与面之间摩擦而形成的孔	++
变质孔	气孔	煤在变质过程中产生气体和气体聚集形成的孔	++
矿物质孔	铸模孔	煤中原生矿物质在有机质中因硬度差异而铸成的印坑	
	溶蚀孔	煤中可溶性矿物质(碳酸盐类、长石等)长期在气、水作用下受溶蚀而形成的孔	+
	晶间孔	矿物晶粒之间的孔	+

注:+++为作用大;++为作用中等;+为作用小;空白为没有作用。

A. 胞腔孔是成煤植物本身所具有的细胞结构孔,其孔径为几微米至几十微米。对煤储层而言,胞腔孔的空间连通性差,尤其是纤维状丝质体的胞腔孔仅局限于一个方向发育,相互之间连通少。

B. 屑间孔指煤中各种碎屑状显微体如镜屑体、惰屑体、壳屑体等碎屑颗粒之间的孔隙。这些碎屑颗粒无一定形态,有不规则棱角状、半棱角状或似圆状等,孔隙大小 2～30μm,由其而构成的屑间孔的形态以不规则状为主,孔的大小一般小于碎屑。屑间孔发育于镜屑体、惰屑体及壳屑体之间,仅微区连通且数量很少,对煤储层渗透率贡献不大。

②后生孔:后生孔是煤固结成岩后受各种外界因素作用而形成的孔隙。后生孔主要有角砾孔、碎粒孔和摩擦孔。

A. 角砾孔是煤受构造应力破坏而形成的角砾之间的孔。角砾呈直边尖角状,相互之间位移很小或没有位移,角砾孔的大小在 2～10μm 之间。原生结构煤和碎裂煤的镜质组中角砾孔发育较好并常有吼道发育,局部连通性比较好。

B. 碎粒孔是煤受较严重的构造应力破坏而形成的碎粒之间的孔。碎粒呈半圆状、条状或片状,碎粒之间有位移。滚动碎粒长度多在 5～50μm 之间,其孔隙大小为 0.5～5μm(张慧和王晓刚,1998)。碎粒孔空间小、易堵塞。碎粒孔占优势的煤层中,煤体破碎严重影响煤储层渗透性。

C. 摩擦孔是煤中压性构造面上常有的孔隙,这是在压力作用下面与面之间相互摩擦和滑动而形成的摩擦孔,有圆状、线状、沟槽状、长三角状等形态且常有方向性,孔边缘多为锯齿状,大小相差悬殊,小者 1～2μm,大者几十微米或几百微米。摩擦孔还常与擦痕伴生,二者的方向有一致的也有不一致的。摩擦孔仅局限于二维构造面上,空间连通性差。

③变质孔:变质孔是煤在变质过程中发生各种物理化学反应而形成的孔隙。变质孔主要是气孔,气孔主要由生气和聚气作用形成,以往称之为热成因孔。常见气孔的大小为 0.1～3μm,1μm 左右者多见。单个气孔的形态以圆形为主,边缘圆滑,其次有椭圆形、梨形、圆管形、不规则港湾形等(郝琦,1987)。气孔大多以孤立的形式存在,相互之间连通性不好。不同煤岩组分气孔的发育特征不同:壳质组气孔最发育并大多以群体的形式出现;镜质组气孔较发育,但是很不均匀,成群的特点突出,气孔群中的气孔排列有无序的,也有有序的;惰质组中很少见有气孔。

④矿物质孔:由于矿物质(包括晶质矿物和非晶质无机成分)的存在而产生的各种孔隙统称为矿物质孔,孔的大小以微米级为主,常见的有铸模孔、溶蚀孔和晶间孔。

A. 铸模孔是煤中原生矿物质在有机质中因硬度差异而铸成的印坑。

B. 溶蚀孔是煤中可溶性矿物质(碳酸盐类、长石等)长期受气、水溶蚀而形成的孔。

C. 晶间孔指矿物晶粒之间的孔,有原生的,也有次生的。

裂面和滑面上的次生方解石、白云石、菱铁矿、高岭石和石英等常发育晶间孔或溶蚀孔。次生矿物晶间孔和溶蚀孔的发育是煤层水文地质环境的反映,也是煤储层渗透率的反映。矿物质在煤中含量有限,矿物质孔只有少数矿物质发育,数量很少,对煤储层性能影响不大。

3 实验仪器和材料

筛网(20目、80目)、不饱和聚酯树脂凝胶、碎样器皿、玻璃棒、烧杯、研磨机(MP-2型金相磨抛机)、砂纸(300目、1000目)、Nikon透反偏光显微镜。

4 样品制备

1) 制作粉样煤砖

(1)碎样和筛选:利用器皿将煤样研磨至粒径约1mm的颗粒,并将其放置于筛网中过筛。筛网叠置规格由上往下依次为20目、80目,底部放托盘。筛选后用20目、80目的煤样进行下一步实验,其余煤样也应妥善装袋保存。

(2)制做煤砖:先将煤砖模具用酒精擦拭干净,表面涂一层脱模剂,将筛选后达到一定规格的煤样放入煤砖模具,加入配比好的凝胶并进行搅拌,充分搅拌至煤颗粒与凝胶完全混合,贴上标签,以便镜下观察时区分样品。等待12h煤砖凝固后取出。

2) 制作块样煤砖

筛选制作:不同煤阶煤样各取小块,煤样具有明显层理,大小合适,放入煤砖模具中,放进去之后尽量使底面为垂直层理的面,以便后续实验操作。加入配比好的凝胶,手动摇晃使其充分混合,贴上标签,以便镜下观察时区分样品。等待12h煤砖凝固后取出。

3) 磨制煤砖

两种煤砖磨制方法相同。先将凝固的煤砖的含煤面放入具有300目砂纸的磨盘上磨平。再使用1000目的砂纸于磨盘中将煤砖磨光滑。磨制过程中应保证煤面平坦,避免出现棱角。然后利用抛光液抛光,减少划痕,最后再用清水抛光5min左右,使煤砖表面干净不沾水。

煤砖的制作和抛光依据国标《煤岩分析样品制备方法》(GB/T 16773—2008)进行。

5 实验步骤

1) 煤岩样品的宏观描述

(1) 挑选合适煤样：本次实习所用煤样均为块煤，挑选比较均匀致密的光亮煤，进行内生裂隙和外生裂隙的观察。

(2) 裂隙观察与描述：详细观察煤样中裂隙的发育及分布情况，在层理面上观测裂隙的方向、主次关系、长度、宽度、密度、间距，在剖面上观测裂隙高度、垂向分布情况以及组合关系等。

2) 煤岩样品的微观描述

(1) 孔隙观察：将粉样煤砖用橡皮泥固定在载玻片上，整体放置在显微镜载物台上，可在20倍或50倍物镜下观察孔隙大小，确定其级别；观察孔隙几何形态及分布特征，确定其类型；观察孔隙附近的典型显微组分，总体进行拍照记录，后续进行相应素描及详细描述。

(2) 裂隙观察与统计：将块样煤砖用橡皮泥固定在载玻片上，整体放置在显微镜载物台上观察，在50倍物镜下将规格为30mm×30mm的煤砖表面划分为10mm×10mm的9个微区，显微裂隙密度定义在9cm²的范围内，分别将每个微区出现的裂隙按A型、B型、C型和D型进行统计，绘制成相应表格。此外，将典型裂隙特征拍照记录，后续进行素描及详细描述。

6 实验结果及应用

实验结果以照片、统计结果表形式呈现，如图1-1～图1-4，表1-5～表1-8所示。

a.镜煤条带内生裂隙

b.线理状镜煤条带

实验一 煤储层孔隙裂隙描述

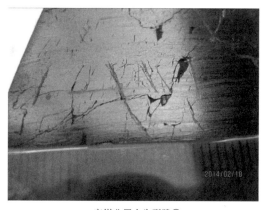

c.亮煤分层内生裂隙①

d.亮煤分层内生裂隙②

e.透镜状夹矸

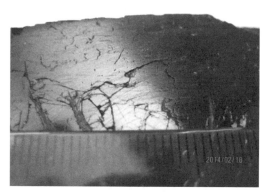

f.外生裂隙连通内生裂隙

图 1-1 宏观裂隙特征

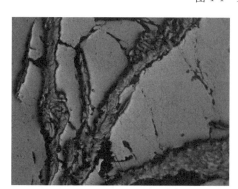

a.内生裂隙相互连通

b.内生裂隙局限于镜煤条带

c.亮煤分层中内生裂隙及微孔隙

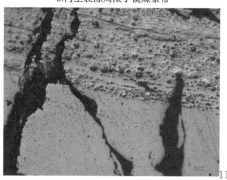

d.外生裂隙连通内生裂隙

e.内生裂隙相互连通　　　　　　　　　　　f.发育特征不同的内生裂隙

图 1-2　微观裂隙特征

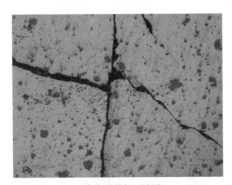
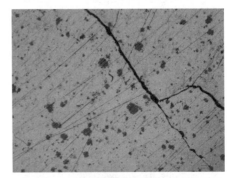

a.内生裂隙相互连通　　　　　　　　　　　b.阶梯形内生裂隙

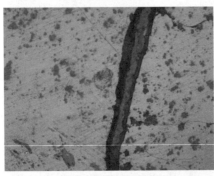

c.被矿物充填的内生裂隙　　　　　　　　　d.不同发育特征的内生裂隙①

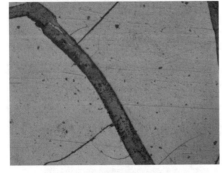
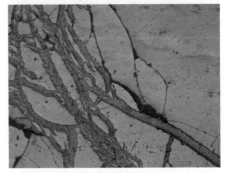

e.不同发育特征的内生裂隙②　　　　　　　f.不同发育特征的内生裂隙③

图 1-3　微观裂隙发育特征(平行层面)

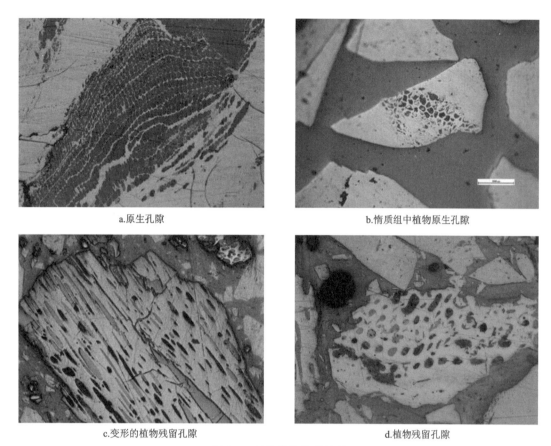

图 1-4　显微孔隙发育特征

7　注意事项

(1)煤砖制作过程中应注意凝胶的配比要得当,与煤粉混合之后应缓慢搅拌使其均匀分布。

(2)煤砖应抛光到位,避免大量擦痕的出现,从而影响孔隙、裂隙的观察。

(3)在进行镜下观察时,应注意操作得当,避免损坏镜头。

表 1-5 厚镜煤条带型内生裂隙参数表

块煤编号	光片编号	煤岩类型	被矿物充填的内生裂隙						未被矿物充填的内生裂隙				
			密度	间距/mm	平均间距/mm	张开度/μm	平均开度/μm	与层面关系	密度	间距/mm	平均间距/mm	张开度/μm	平均开度/μm	与层面关系
1		厚镜煤	12条/5cm	0~13	4.50	161~494	316	垂直	6条/cm	0~2	1.30	20~296	162	高角度斜交
		薄镜煤	5条/3cm	2~10	7.00				5条/cm	0.5~3	1.25			
		厚亮煤				无			5条/9cm²	*	11.00	26~188	85	
2		厚镜煤	5条/5cm	0~18	10.75	369~925	587	高角度斜交	5条/2cm	0~8	4.25	23~230	110	高角度斜交
		厚亮煤	6条/9cm²	*	10.00	160~456	305	垂直	4条/cm²	*	4.00	41~263	102	
3		厚亮煤	5条/3cm	2~12	7.60	128~423	332	高角度斜交	5条/cm	1~4	2.80	20~296	140	高角度斜交
		厚亮煤	4条/9cm²	*	9.00	130~395	221		9条/cm²	*	5.00	17~208	101	垂直

注：*表示无，不易测量，下同。

表1-6 线理状镜煤亮煤互层型内生裂隙参数表

块煤光片编号	煤岩类型	被矿物充填的内生裂隙					未被矿物充填的内生裂隙				
		密度	间距/mm	平均间距/mm	张开度/μm	平均开度/μm	与层面关系	密度	间距/mm	平均间距/mm	张开度/μm	平均开度/μm	与层面关系

块煤光片编号	煤岩类型	密度	间距/mm	平均间距/mm	张开度/μm	平均开度/μm	与层面关系	密度	间距/mm	平均间距/mm	张开度/μm	平均开度/μm	与层面关系
4	镜亮互层	5条/cm	0~8	1.50	68~460	239	垂直	3条/cm	2~6	2.40	10~118	71	垂直
5	镜亮互层	8条/2cm	0~4	2.20	137~462	239	高角度斜交	7条/4cm	0~13	5.80	66~510	234	高角度斜交
	镜亮互层	2条/cm	4~6	5.00	62~266	144	垂直	4条/cm	3~4	3.33	36~109	68	高角度斜交
7	厚亮煤	4条/9cm²	*	9.67	152~363	249	垂直	2条/9cm²	*	21.00	19~80	43	高角度斜交
	镜亮互层	6条/cm	0~4	2.37	59~463	155	垂直	6条/cm	0.5~2.5	2.14	11~87	54	高角度斜交
8	厚亮煤	6条/9cm²	*	10.00	49~165	98	垂直	*	*	*	39~170	92	垂直

表 1-7 岩芯块煤光片内生裂隙参数表

块煤光片编号	煤岩类型	型式	被矿物充填的内生裂隙 密度	平均间距/mm	张开度/μm	平均开度/μm	未被矿物充填的内生裂隙 密度	平均间距/mm	张开度/μm	平均开度/μm
Y3-2-2	镜煤	规则网状	5条/5cm	6	32~84	55	*		48~73	63
Y3-4-1	镜煤	规则网状	4条/2cm	6.4	198~465	290	*		14~66	37
			6条/4cm	7.8						
Y14-1-1	镜煤	规则网状	4条/3cm	7.5	70~392	148	*		8~117	45
			5条/2cm	4						
Y14-3-1	镜煤	规则网状	3条/4cm	18.5	103~152	123	5条/3cm	5.4	15~228	52
Y23-1-1	镜煤	规则网状	4条/3cm	10	49~304	122	3条/1.7cm	7.5	15~33	22
Y26-1-1	镜煤	规则网状	2条/2.5cm	25	119~350	221	不规则网状		18~108	47
			7条/4.5cm	7.3						
Y8-1-1	镜煤	不规则网状	**		24~166	101	*		6~34	19
Y13-1-1	镜煤	不规则网状	3条/3cm	14	17~1421	366	*		9~176	54
Y21-1-1	镜煤	不规则网状	5条/3cm	7	119~372	234	不规则网状		17~349	106
Y21-2-1	镜煤	不规则网状	6条/2cm	6	155~552	259	不规则网状		21~79	43
Y16-2-1	镜煤	孤立状	**		75~217	141	孤立状		250~327	286

注：**表示无主要裂隙组方向。

表1-8 综合型内生裂隙参数表

块煤编号	光片编号	煤岩类型	被矿物充填的内生裂隙						未被矿物充填的内生裂隙				
			密度	间距/mm	平均间距/mm	张开度/μm	平均开度/μm	与层面关系	密度	间距/mm	平均间距/mm	张开度/μm	平均开度/μm	与层面关系
6		厚镜煤	5条/3cm	0~11	6.60	159~828	442	高角度斜交					
		厚镜煤	12条/5cm	1~5	3.30	109~654	327	垂直		*		28~425	111	高角度斜交
		镜亮互层	5条/cm	0~3	1.93	51~338	148	垂直				44~191	81	
		厚亮煤						高角度斜交	5条/9cm²	*	6.00	21~159	57	垂直

实验二 镜质体反射率测定方法

有机质成熟度是衡量烃源岩生烃能力的重要指标之一,也是评价一个地区或某一烃源岩系生烃量及资源前景的重要依据(沈忠民等,2009)。有机质成熟度表征着有机质向烃类转化的程度,能够判断烃源岩的生烃演化过程。

镜质体反射率(R_o)是最重要的有机质成熟度指标之一,可标定从早期成岩作用直至深变质阶段有机质的热演化。镜质体是一种煤素质,主要由芳香稠环化合物组成。随着煤化程度的增大,芳香结构的缩合程度也加大,镜质体的反射率也增大。生油母质的热裂解过程与镜质体的演化过程密切相关,所以它是一个良好的有机质成熟度指标。

对于煤系烃源岩来说,镜质体反射率可以反映煤化程度,是区分年老无烟煤、典型无烟煤和年轻无烟煤的一个较理想的指标(表 2-1)。目前,在国际上已有许多国家采用镜质体反射率作为一种煤炭分类指标。

表 2-1 煤的镜质体反射率分级

煤级类别	煤级名称	镜质体反射率区间/%	检测方法
低阶煤	低煤级煤	<0.50	《煤的镜质体反射率显微镜测定方法》(GB/T 6948—2008)
中阶煤	中煤级煤Ⅰ	$0.50 \leqslant R_o < 0.65$	
	中煤级煤Ⅱ	$0.65 \leqslant R_o < 0.90$	
	中煤级煤Ⅲ	$0.90 \leqslant R_o < 1.20$	
	中煤级煤Ⅳ	$1.20 \leqslant R_o < 1.50$	
	中煤级煤Ⅴ	$1.50 \leqslant R_o < 1.70$	
	中煤级煤Ⅵ	$1.70 \leqslant R_o < 1.90$	
	中煤级煤Ⅶ	$1.90 \leqslant R_o < 2.50$	
高阶煤	高煤级煤Ⅰ	$2.50 \leqslant R_o < 4.00$	
	高煤级煤Ⅱ	$4.00 \leqslant R_o < 6.00$	
	高煤级煤Ⅲ	$\geqslant 6.00$	

自 20 世纪 30 年代镜质体反射率首次用于测定煤化级别之后,现已延用至沉积岩分散有机质成熟度的测定,是应用最广泛并可作为数字标尺的有机质成熟度指标。它具有可量

化的优点,在盆地热史和资源潜力评价方面得到广泛应用,可利用 R_o 与温度之间的关系建立简单的图版及公式来推算古地温,或以镜质体反射率为基础分析烃源岩生烃模式(孔伟思等,2015)。

1 实验目的与要求

通过本次课程实验,学生需要达到以下目的与要求。

(1)明确镜质体反射率测定的意义及用途,了解镜质体反射率测试实验的基本原理。

(2)在对煤岩样品的镜质体反射率测定过程中,掌握光学显微镜和显微镜光度计的使用方法。

(3)根据课程实验任务,独立完成煤岩镜质体反射率的测定,掌握镜质体反射率测试软件的使用及实验结果的处理方法。

(4)本实验为综合性实验,需要学生了解实验的原理和实验的操作步骤,并且还要有一定的动手操作能力。显微镜及光度计的使用需要在教师的指导下进行。

2 实验原理

1)显微镜测定煤的镜质体反射率原理

煤的镜质体反射率是指在显微镜油浸物镜下,镜质体抛光面的反射光强度对其垂直入射光强度之百分比。根据光电转换元件所接收的反射光强度与其光电信号成正比的规律,在相同的入射条件下,通过对比镜质体与已知反射率的标准物质的光电信号,进而求得镜质体反射率的值。单煤层中各镜质体颗粒之间光学性质有微小差异,在混配煤中差异更大,故在进行镜质体反射率的测试时,须从不同颗粒上取得足够数量的测值,以保证结果的代表性。

2)最大反射率($R_{o,max}$)与最小反射率($R_{o,min}$)

在偏光及常温(23 ℃),折射率 $Ne=1.518$ 的浸油中,波长 λ 为 (546 ± 5) nm 的绿色光下进行测定。样品可以是煤粒任意定向的煤砖光片或垂直层面或斜交层面磨制的块煤光片。测点选定之后,缓慢地旋转载物台360°,记录最大反射率读数即为最大反射率,在光片上测得均匀分布的足够多点数的平均值,叫作平均最大反射率($R_{o,max}$)。测量最大反射率过程中,在垂直于最大值方向上可记录到一个最小值,即为最小反射率,其平均值叫平均最小反射率($R_{o,min}$)(孔伟思等,2015)。

3)随机反射率($R_{o,ran}$)

在自然光或偏光下,不转动载物台,在煤砖光片中测得的反射率值为随机反射率,大量读数的平均值叫作平均随机反射率(孔伟思等,2015)。

4)最大反射率与随机反射率的应用和区别

煤镜质体最大反射率用以判断单一煤样的煤化度是真实可靠的,但判断混煤样品的煤化度则可能失真。煤镜质体反射率测定的是单组分,不受其他组分的干扰,判断煤化度显然优于其他无法测定单组分的煤质指标,因此判断煤化度采用煤镜质体随机反射率。

煤镜质体的光性为一轴晶负光率体,只有最大反射率是不变值,随机反射率会随切面角度而变化。直接测定镜质体最大反射率缺点明显,如对显微镜物镜中心调节要求高;选定的镜质体只能原地转动,若在旋转载物台过程中偏离中心位置,则测定值不正确;显微镜物镜中心常变化,经常调节会非常麻烦;需要记录旋转载物台过程中多个值才能确定一个测定值,过程烦琐、效率低(姚伯元等,2013)。

鉴于以上缺点,直接测定最大反射率值已少见,最大反射率平均值都是由随机反射率平均值换算得到,换算公式为

$$\bar{R}_{o,max} \approx 1.066 \bar{R}_{o,ran}$$

$$\bar{R}_{o,max} \approx 1.061\ 02 \bar{R}_{o,ran} + 0.005\ 95$$

3 实验仪器和材料

筛网(20目、80目)、不饱和聚酯树脂凝胶、碎样器皿、玻璃棒、50mL烧杯、抛光机(MP-2型金相磨抛机)、砂纸(300目、1000目)、压片器、橡皮泥、载玻片、酒精、显微镜光度计用反射率标准物质、ZEISS显微镜搭配HD光度计镜质体反射率测量仪器或LEICA DM2700P显微镜搭配FossilMan光度计镜质体反射率测量仪器。

4 样品制备

在测量镜质体反射率前,需进行粉样煤砖(粉煤光片)的制作,其制作流程参照实验一粉

样煤砖的制作流程。将制备好的粉煤光片抛光面置于上部,下部垫入橡皮泥,使用压片器将其压置于载玻片上(图2-1)备用。

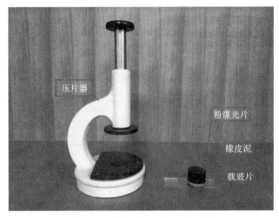

图 2-1 样品测试准备示意图

5 实验步骤

本部分将详细介绍实验室 ZEISS 显微镜搭配 HD 光度计,以及 LEICA DM2700P 显微镜搭配 FossilMan 光度计两套镜质体反射率测量仪器的使用方法。

ZEISS 显微镜(图2-2)搭配 HD 光度计测镜质体反射率的实验方法如下。

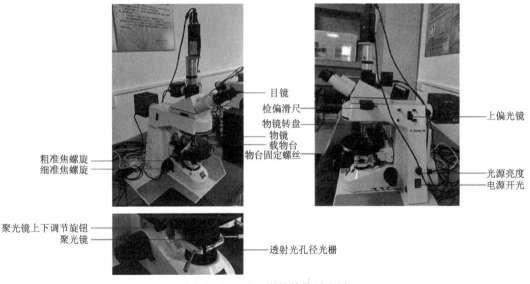

图 2-2 ZEISS 显微镜结构示意图

1)ZEISS Axioskop40型显微镜的使用方法

(1)启动:维持室温在18～28℃之间,去除显微镜防尘罩,依次打开电源、灯光和仪器的其他电器部件开关。经过一定时间使仪器在测量前达到稳定。

在仪器校准之后将试样置于载物台上,将样品整平,放入推动尺中,将油浸液滴在已整平放于载玻片上的样品抛光面上。调整粗/细准焦螺旋旋钮进行调焦,直到观察到的图像清晰为止。

(2)照明:检查显微镜灯是否已正确地调节成科勒(Kohler)照明。移开灯前的毛玻璃,推入镜筒上的勃氏镜(或取下目镜),观察物镜后焦面,调节聚焦到孔径光圈上的灯丝像,使其对中十字丝,并均匀充满孔径光圈,然后使毛玻璃复位。

用视域光圈调节照明视域,使其直径小于全视域的1/3。调节孔径光圈以减少耀光,但不必过分降低光的强度,一旦调节好,在测定过程中就不应再改变其孔径大小。

(3)对中:使物镜向载物台旋转轴对中,使视域光圈的像准焦并对中,调节测量光圈,使其中心与十字丝中心重合,如果看不见测量光圈叠加在样品上的像,可在视域中选一光亮的包裹体,如黄铁矿晶体等使其正对十字丝中心,调节测量光圈的中心位置,直到光电转换器信号达到最高值为止。

2)HD光度计的使用方法

(1)启动:查看室内温度计显示的数据,并作好记录后,打开计算机,点击HD分析软件图标,出现软件主界面后,单击"测定准备",使显微镜光度计预热6min以上,仪器进入稳定状态。显微光度计电压调平需做到"轻、慢、稳",若必要选择取消"零调节"。电压显示如图2-3所示。

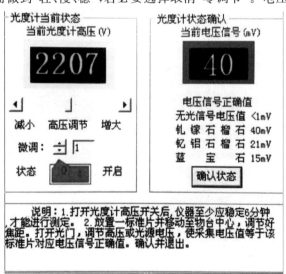

图2-3 光度计电压显示

(2)标准片校定仪器工作状态:将合适的标准片(图2-4,表2-2)置于显微镜载物台中心并调节好显微镜焦距。打开光门后,调节光度计高压,或调节显微镜光源强度,使采集的信号电压值与相应标准片的信号电压值一致。关闭光门后,采集的信号电压值应在零附近,校正完成后,单击"确认状态",保存光度计状态并退出。

图2-4 显微镜光度计用反射率标准物质

表2-2 显微镜光度计用反射率标准物质参数

标准物质级别	标准物质编号	名称	折射指数 N_e ($\lambda=546$nm)	反射率(标准值)/% ($N_e=1.1518$)
一级	GBW13401	钆镓石榴石	1.9764	1.719
	GBW13402	钇铝石榴石	1.8371	0.904
	GBW13403	蓝宝石	1.7708	0.59
	GBW13404	K_9玻璃	1.5171	0
二级	GBW(E)130013	金刚石	2.42	5.28
	GBW(E)130012	碳化硅	2.60	7.45

参数设定:菜单包括"自动测定参数设定"与"半自动测定参数测定",可根据需要选择。设定好参数后,单击"保存为新设定",则保存设定并立即生效。

(3)测定项目与方式:单击"测定项目与方式",弹出"测定项目"窗口;选择"自动测定煤镜质组随机反射率"选项(图2-5)。

测定煤反射率必需的准备工作:测定或调入工作曲线。当选中测定煤反射率的项目时,"标号1"窗口为实,"电压转换反射率"项前打√。可以调用已测定并存盘的工作曲线或实际测定工作曲线。

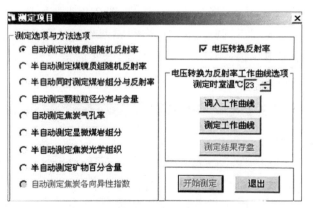

图 2-5 测定项目与方式窗口

调入工作曲线：由于浸油的折射率受温度影响，进而影响反射率值，因此应根据测定时温度调入同温度下测定的工作曲线。因此在调入电压转换反射率工作曲线前，选择当前室温；单击"调入工作曲线"后，显示调入的工作曲线及其测定时温度，各标准片在该温度下的反射率值、对应的电压值等。图 2-6 为电压转换为反射率工作曲线。

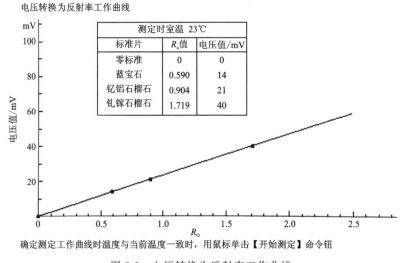

确定测定工作曲线时温度与当前温度一致时，用鼠标单击【开始测定】命令钮

图 2-6 电压转换为反射率工作曲线

测定工作曲线：在测定煤镜质体反射率时，若没有当前温度下的工作曲线，则需要测定工作曲线。根据温度计显示的室温，在温度输入框选择当前室温后，单击"测定工作曲线"，弹出相应测定窗口(图 2-7)。

① 该窗口"选择测定标准片"项列出测定煤反射率需要的标准片。首先把一标准片放在显微镜载物台上，对正中心位置，调节好焦距，随后在选择框中选中该标准片。此时在"反射率值"栏内会显示其在当前室温下的反射率值，然后打开显微镜光门。② 在"采集光信号电压值"栏中显示采集的该标准片当前状态下的电压值。单击"确定"后，在"测定电压值"栏显示该标准片对应的电压值。重复上述步骤测定下一个标准片。全部完成后，单击"完成"，返

实验二 镜质体反射率测定方法

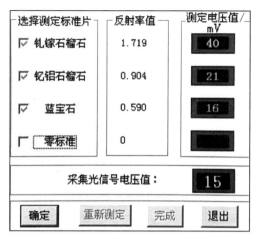

图 2-7 测定工作曲线窗口

回"测定项目"窗口,并绘出工作曲线。单击"保存工作曲线",弹出保存对话框后,应输入该工作曲线的文件名,单击"确定"后,即可存盘保存该工作曲线。

3) 镜质体反射率的测试

仪器调试完成即可进行镜质体反射率的测定,其步骤如下:测定随机镜质体反射率时需要移开显微镜上的起偏器,以自然光射入,不旋转载物台。根据样品中镜质体的含量设定合理的点距和行距,以保证所有测点均匀布满全片。以固定步长推动样品,当十字丝中心落到一个不适于测量的镜质体上时,可用推动尺微微推动样品,以便在同一煤粒中寻找一个符合测量要求的测区,测定之后,推回原先的位置,按设定的步长继续前进。到测线终点时,把样品按设定行距移向下一测线的起点,继续进行测定。

调整载物台位置从测定范围的一角开始测定,用推动尺微微移动样品直至十字丝中心对准一个合适的镜质体测区,即找到观察目标的视场,进行显微观察。观察时应确保测区内不包含裂隙、抛光缺陷、矿物包体和其他显微组分碎屑,而且应远离显微组分的边界和不受突起影响;测区外缘 10 um 以内无黄铁矿质体等高反射率物质。

每个单煤层煤样品的测点数目,因其煤化程度及所要求的准确度不同而有所差别,按表 2-3 的规定执行。

表 2-3 单煤层煤样品中镜质体平均反射率测定点数

随机反射率/%	不同准确度下的最少测点数				
	$\alpha=0.02$	$\alpha=0.03$	$\alpha=0.04$	$\alpha=0.06$	$\alpha=0.10$
≤0.45	30	—	—	—	—
>0.45~1.00	60	—	—	—	—
>1.00~1.90	—	100	—	—	—

续表 2-3

随机反射率/%	不同准确度下的最少测点数				
	$\alpha=0.02$	$\alpha=0.03$	$\alpha=0.04$	$\alpha=0.06$	$\alpha=0.10$
>1.90～2.40	—	—	200	—	—
>2.40～3.50	—	—	—	250	—
>3.50	—	—	—	—	300

注：α 为准确度，即与真值之间的一致程度；—表示不需要测试。

LEICA DM2700P 显微镜搭配 FossilMan 光度计(图 2-8)测定镜质体反射率的实验方法如下。

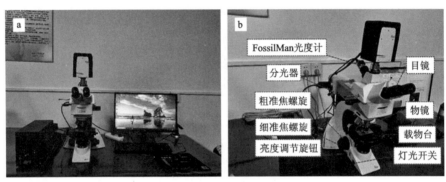

图 2-8　LEICA DM2700P 显微镜和 FossilMan 光度计镜质体反射率测量仪

4）LEICA DM2700P 显微镜的使用方法

（1）启动：维持室温在 18～28℃之间，去除显微镜防尘罩，依次打开电源、灯光和仪器的其他电器部件开关，经过一定时间使仪器在测量前达到稳定。

（2）光路的检查及测试准备：显微镜选择 50 倍油浸镜头，在待测样品抛光面滴入一滴油浸液并置于显微镜载物台上，通过调节粗准焦螺旋和细准焦螺旋，使样品镜下视域清晰；调整显微镜灯光亮度旋钮，使镜下视野亮度明亮；将显微镜分光器全部推出，使显微镜光线全部进入 FossilMan 光度计内置相机(此时通过显微镜目镜无法观察到图像)，后将待测样品取出，等待使用。

5）FossilMan 光度计的使用方法

（1）启动：打开计算机，点击桌面 FossilMan 分析软件图标，进入软件主界面(图 2-9)。

（2）物镜的选择：进行反射率测量前，需进行物镜的选择，在软件主界面，校正一栏中，物镜选择 50oil 选项。

实验二 镜质体反射率测定方法

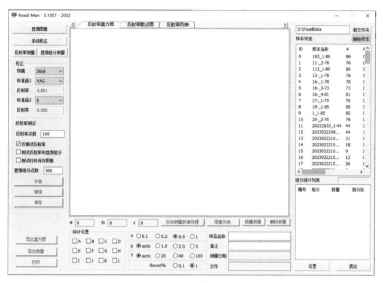

图 2-9 FossilMan 分析软件主界面

(3) 标准品的选择:本仪器共配备 4 块标准品,分别为 SAPPHIRE 标准品(简称 S),反射率 0.59;YTTRIUM-ALUMINUM-GARNET 标准品(简称 YAG),反射率 0.891;GADOLINIUM-GALLIUM-GARNET 标准品(简称 GGG),反射率 1.713;CUBIC ZIRCONIA 标准品(简称 CZ),反射率 3.16。

对样品进行反射率测量时,需选择两个与待测样品反射率相近的标准品,反射率满足标准品 2<待测样品<标准品 1,并在软件主界面校正一栏中,进行标准品的选择。其中标准品 1 必须为高反射率标准品,标准品 2 为低反射率标准品(图 2-10)。

图 2-10 FossilMan 光度计系统校正标准品

(4)系统校正:点击软件主界面系统校正一栏,进入系统校正界面,曝光模式选择Continuous,在标准品1表面滴入一滴油浸液,并置于显微镜载物台上,调节粗准焦螺旋和细准焦螺旋,使标准品1聚焦;然后选择系统校正界面右上角的曝光设定选项,进行系统曝光(图2-11a);曝光完成后,根据系统提示,选择添加标定选项进行标准品1的标定;根据系统提示采用同样的方法进行标准品2的标定(无需再次进行曝光操作),两次标定完成后,点击完成退出系统校正窗口(图2-11b)。

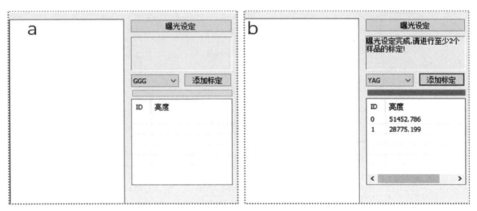

图2-11　FossilMan分析软件系统校正

(5)系统校正结果的检验:完成系统校正后,在软件主界面点击反射率测量,系统将自动生成样品名称,点击开始,进入反射率测量界面,对反射率校正结果进行检验(图2-12),测量结果应与显微镜载物台上所放标准品的反射率基本一致(误差0.01,误差较大的则需重新进行系统校正,直至误差范围合理),后点击完成,进入系统主界面,点击反射率测量,删除标准品的测量数据。

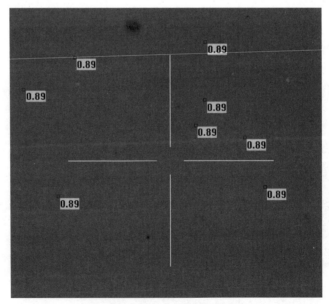

图2-12　系统校正结果检验

(6)反射率的测量:点击反射率测量,在样品名称栏中输入待测样品名称,在反射率测试栏中,设定反射率测定点数为100,根据需求勾选仅测试反射率和测试时并保存图像两栏(如需测量照片必须勾选测试时并保存图像选项),选择完成后,点击开始,进入反射率测量界面进行测量(图2-13a)。

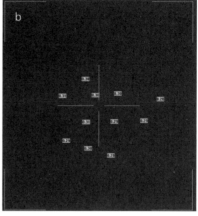

图2-13 系统反射率测量流程图

(7)测量时,将待测样品置于载物台上,调节载物台升降旋钮使电脑显示器中视域清晰,方框内为测量有效范围,应选择光滑的均质镜质体进行反射率测量(图2-13b),测量时右下角#为测量镜质体反射率个数,R_r为所测量镜质体反射率平均值,S为所测量镜质体反射率值的方差,为保证结果的准确性,方差一般小于0.1。测量时鼠标左键为图像锁定和反射率测量,移动视域需右键进行图像解锁。

(8)测量数据结果显示及导出:测量完成时,点击完成退出反射率测量界面。如图2-14

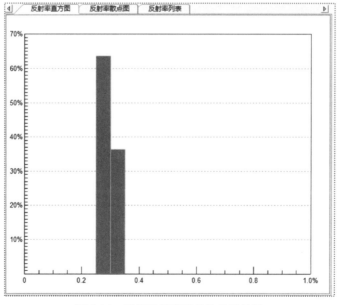

图2-14 系统反射率测量结果显示图

所示,在系统主界面,点击保存对测量结果进行保存;在系统主界面可呈现所测量反射率直方图、反射率散点图、反射率列表等结果,选择左下角导出直方图或导出测量可根据需求对测量结果进行导出,照片数据需从桌面FossilData快捷方式中获取。

(9)关机:测量完成后,点击系统主界面退出测量软件,然后关闭电脑和显微镜电源开关。关闭显微镜时,需将显微镜光亮度调至最小,使用酒精和无尘布对显微镜油浸镜头进行清洗。

6 实验结果处理和应用

1) 实验数据的处理

测定结果宜以单个测值计算反射率平均值和标准差的方法进行计算,也可用0.05%的反射率间隔(半阶)或0.10%的反射率间隔(阶)的点数计算反射率的平均值和标准差。

(1)按单个测值计算反射率平均值和标准差的公式见式(2-1)、式(2-2)

$$\bar{R} = \frac{\sum_{i=1}^{n} R_i}{n} \tag{2-1}$$

$$S = \sqrt{\frac{n\sum_{i=1}^{n} R_i^2 - \left(\sum_{i=1}^{n} R_i\right)^2}{n(n-1)}} \tag{2-2}$$

式中:$\bar{R}$ 为平均最大反射率或平均随机反射率,%;R_i 为第 i 个反射率测值;n 为测点数目;S 为标准差。

(2)按阶或半阶计算反射率平均值和标准差的方法如下:按0.10%的反射率间隔(阶)或按0.05%的反射率间隔(半阶)为单位,分别统计各阶(或半阶)的测点数及其占总数的百分数,作出反射率直方图,计算出反射率的平均值和标准差。计算公式见式(2-3)和式(2-4)

$$\bar{R} = \frac{\sum_{j=1}^{n} R_j X_j}{n} \tag{2-3}$$

$$S = \sqrt{\frac{\sum_{j=1}^{n}(R_j^2 X_j) - n\bar{R}^2}{n-1}} \tag{2-4}$$

式中:R_j 为第 j 阶(或半阶)的中间值;X_j 为第 j 阶(或半阶)的测点数。

阶的表示法:[0.50,0.60)、[0.60,0.70)、[0.70,0.80)、[0.80,0.90)、…

阶的中间值:0.55、0.65、0.75、0.85、…

半阶的表示法:[0.50,0.55)、[0.55,0.60)、[0.60,0.65)、[0.65,0.70)、…

半阶的中间值：0.525、0.575、0.625、0.675、…

2）实验数据的应用

镜质体反射率（R_o）是最重要的有机质成熟度指标，有机质的热演化除了受温度和时间的影响外，还可能会受到其他地质因素的影响，如超压、岩性边界、有机-无机相互作用等，Zhang 等（2019）在 *Enhancement of organic matter maturation because of radiogenic heat from uranium：A case study from the Ordos Basin in China* 一文中，利用镜质体反射率研究了铀的放射性高温对有机质热演化的影响。他指出，在含铀地层中 R_o 随地层埋深深度的增加而增大（图 2-16），说明地层中的碳质碎屑经历了正常的埋深煤化。含铀样品的 R_o 值比没有被铀矿化样品的 R_o 值高 0.062%（图 2-17），镜质体反射率与铀含量呈正相关，与距含铀砂岩的距离呈反比，说明铀的富集促进了有机质的热演化。

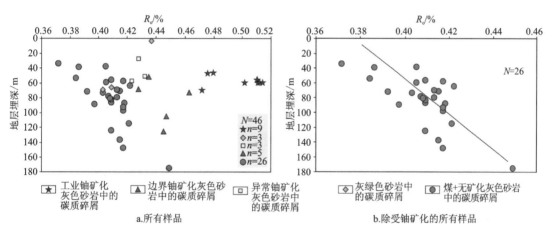

图 2-16　镜质体反射率与地层埋深的关系（Zhang et al.，2019）

R_o 随热成熟度的增加而增加，主要是由于分子结构的芳构化和缩聚程度的增加，导致芳香单元的有序堆积升高，此种反应具有不可逆性。在志留纪后的沉积物中，R_o 已广泛用于指示沉积有机质的热成熟（Welte and Tissot，1984），以此进行沉积盆地的热史重建（图 2-18），烃源岩评价等工作；但在前泥盆纪沉积地层中由于镜质体的稀缺性和非均质性，R_o 有时不能作为有效的热成熟度指标。Liu 等（2020）在 *Assessing the thermal maturity of black shales using vitrinite reflectance：Insights from Devonian black shales in the eastern United States* 一文中，利用镜质体反射率测试，分析了来自美国东部泥盆系的 6 组页岩和页岩中煤岩透镜体样品的反射率结果，研究镜质体反射率在前泥盆纪黑色页岩热成熟度评价中的适用性，结果表明：煤中镜质体以结构镜质体为主，而页岩中的镜质体以碎屑状分散在矿物基质中，粒径小于 5μm（图 2-19），通过镜质体碎片的大小、形态的对比，可以确定页岩中的镜质体和煤中的镜质体有相同的来源。煤中镜质体的 R_o 均值在 0.51%～0.68% 之间，比页岩中分散镜质体的 R_o 值低（图 2-20），其成因有 3 种可能：①小的镜质体颗粒更容易被氧化，在搬运

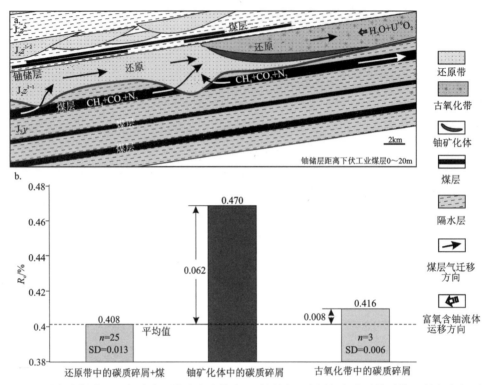

图 2-17 鄂尔多斯盆地北部砂岩型铀矿成矿模式（a）与研究区古层间氧化区镜质体反射率直方图（b）

（Zhang et al., 2019）

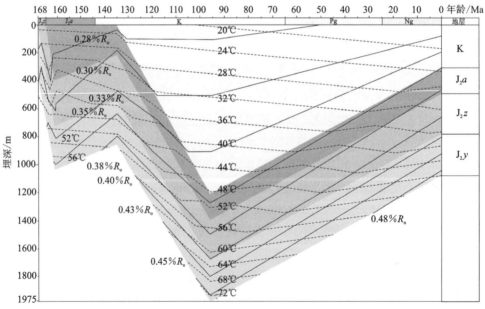

图 2-18 鄂尔多斯盆地北部 D112-39 钻孔埋藏热演化史重建

（Zhang et al., 2019）

的过程中由于其质量较轻,水体动荡浮沉更加频繁而保留在页岩中,而较大的镜质体颗粒由于其质量较大,在成岩过程中埋藏在煤岩透镜体中;②由于页岩中的碎屑镜质体颗粒较小,缺乏判断依据,可能将一些动物碎屑误判为镜质体;③不同类型镜质体的反射率值可能存在差异。

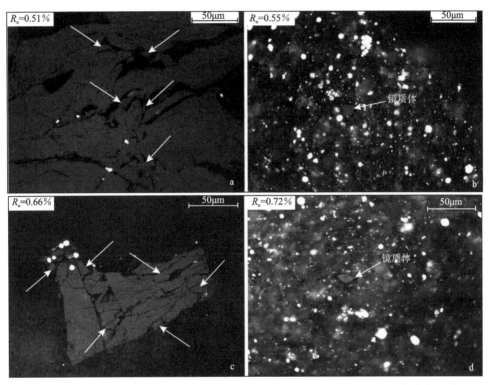

图 2-19　煤透镜体中镜质体(a、c)和页岩中分散镜质体颗粒(b、d)在油浸镜头下反射白光照片及 R_o 值 (Liu et al.,2020)

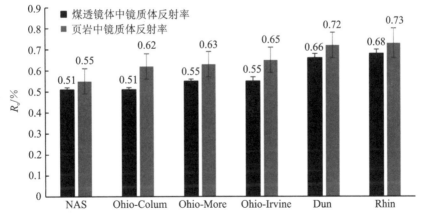

NAS. 美国谢泼兹维尔新奥尔巴尼页岩;Ohio-Colum. 美国俄亥俄州哥伦布俄亥俄页岩;
Ohio-More. 美国肯塔基州莫尔黑德俄亥页;Ohio-Irvine. 美国肯塔基州欧文俄亥页;
Dun. 美国纽约敦刻尔克页岩;Rhin. 美国纽约德比莱茵街页岩

图 2-20　页岩和煤透镜体中随机镜质体反射率均值直方图(Liu et al.,2020)

7　注意事项

在使用 ZEISS 显微镜搭配 HD 光度计进行镜质体反射率测量时应注意以下几点。

(1)本软件根据浸油折射率随温度变化规律自动校正到标准状态,确保不同温度下测定结果同样准确。

(2)"零标准"片由于过暗,调焦时可以关闭光门,使用光信号不进入光电转换器时采集的电压值代替"零标准"片的电压信号值。

(3)若单击"确定"后,某标准片采集的电压值不正确,可单击"重新测定"进行重新测定。

(4)工作曲线应为一直线,若不为直线,需重新测定工作曲线。

(5)最好用温度数据作为工作曲线文件名,以方便调用。工作曲线文件名的扩展名软件默认为"std"。例如 23℃下测定的工作曲线最好命名为"23std"。

(6)在测试工作中,请勿用干物镜来观察油浸样品,以免损坏镜头,缩短其使用寿命。

实验三　煤的低压气体吸附测试

煤储层中的不同孔径孔隙是煤中瓦斯主要聚集场所和运移通道,煤中孔径结构的表征对煤的利用有重要影响。现有多种技术可表征多孔介质的孔径分布,这些方法可分为观察描述法和物性测试法。观察描述法包括光学显微镜观测(OM)、扫描电镜法(SEM)、透射电镜法(TEM)、小角度散射法(SAXS)、X射线断层扫描法(Micro-CT)等。物性测试法包括压汞法(MIP)、低温液氮吸附法(LTN2A)、低场核磁共振法(LF-NMR)、恒速压汞法(CMP)等。

低温吸附法测定固体比表面和孔径分布是根据气体在固体表面的吸附规律。在恒定温度下,在平衡状态时,以一定的气体压力,对应于固体表面一定的气体吸附量,改变压力可以改变吸附量。平衡吸附量随压力而变化的曲线称为吸附等温线,对吸附等温线的研究与测定不仅可以获取有关吸附剂和吸附质性质的信息,还可以计算固体的比表面和孔径分布。低压气体吸附技术可以避免人为孔隙的产生,且能给出纳米级的孔隙分布和比表面积等参数,现已广泛应用于各非常规储层的孔隙结构表征中。低温液氮吸附法通常被认为是测量中孔孔径较为准确的方法,二氧化碳吸附法对粒径小于2nm的孔隙表征准确度很高。

1　实验目的与要求

通过本次课程实验,学生需要达到以下目的与要求。
(1)了解多站扩展式比表面积及孔径分析仪(ASAP2460)的功能原理及用途。
(2)掌握仪器的实际操作过程和软件的使用方法。
(3)学习分析实验结果和数据。
(4)本实验为综合性实验,需要学生了解实验的原理和实验的操作步骤,并且还要有一定的动手操作能力,气瓶的使用需要在教师的指导下进行。

2　实验原理

置于吸附质气体气氛中的样品,其物质表面(颗粒外部和内部通孔的表面)在低温下将发生物理吸附。当吸附气体达到平衡时,测量平衡吸附压力和吸附的气体量,不同平衡压力下的吸附量受到气体可及孔隙的孔体积与孔比表面积控制。不同吸附质的孔隙可及性以及测试压力范围存在差异导致测试孔径范围差异,低压氮气吸附与低压二氧化碳吸附分别测试 2~300nm 与 0~2nm 范围内的孔隙比表面积与孔体积(IUPAC,1994)。因此,根据 BET 理论与 BJH 理论处理氮气吸附数据可计算 0~100nm 孔隙比表面积与体积;而根据 D-A 模型与 D-R 模型可计算 0~2nm 范围内孔体积与比表面积。测试可根据《气体吸附 BET 法测定固态物质比表面积》(GB/T 19587—2017),《压汞法和气体吸附法测定固体材料孔径分布和孔隙度 第 2 部分:气体吸附法分析介孔和大孔》(GB/T 21650.2—2008),《压汞法和气体吸附法测定固体材料孔径分布和孔隙度 第 3 部分:气体吸附法分析微孔》(GB/T 21650.3—2011)进行。

3 实验仪器和材料

多站扩展式比表面积及孔径分析仪(ASAP2460)见图 3-1。

图 3-1 仪器整体

(1)主机:2 个独立的分析站,能同时进行 2 个样品的分析,加满液氮后可连续工作 60h 以上。

(2)具备有 2 个液氮液位伺服控制系统,适用于液氮、液氩等任何冷浴系统,液位控制精度优于 0.1mm。

(3)真空站:6 个制备站,使用独立的真空泵,可同时进行 6 个样品的脱气。

(4)测定数值:比表面积最小检测为 $0.0005m^2/g$,无上限;孔径分析范围为 0.35~500nm;孔体积最小检测为 $0.0001cc/g$。

(5)四种分析模式:Start Analysis;Start Krypton Analysis;Start High Throughput Analysis;Start Micropore Analysis。

(6)仪器操作软件在线显示仪器状态,允许转换手动控制;可进行数据输出和外来数据的合并比较。

(7) 具备升级为 4 个、6 个分子站接口,具备数据处理和自诊断功能。

4 样品制备

在含煤地层剖面或煤矿井下剖面采集新鲜块样,样品破碎缩分至 60~80 目,对应粒度 0.18~0.25mm,在烘箱内于 110℃烘干 2h 以上,然后取出至蒸发皿内备用。

5 实验步骤

1) 样品准备

(1) 称取 1~2g 样品,清洗样品管与填充棒,把称量好的样品、样品管、填充棒放入干燥箱(据样品性质设置干燥箱温度),干燥 2h 后取出。

(2) 将填充棒加入样品管并塞上橡胶塞后称重记作 m1。

(3) 使用纸槽或长颈漏斗将干燥好的样品装入样品管内,样品不超过球泡的 1/2,依次加入填充棒,塞上橡胶塞,称重加样后的样品管记作 m2,并记录对应的橡胶塞编号。

2) 样品脱气

(1) 选择脱气站脱气口并记录其位置,将样品管橡胶塞拔出后依次套入连接头及"O"形圈,接入脱气口后拧紧,并将针阀拧紧。

(2) 将面板上脱气口对应的开关扳至"vac"的位置,将"进气针"放至样品管的底部,慢慢拧大针阀流量增大脱气速度(先半圈 10s,后拧 3~4 圈),脱气成功的标志为增大调节速度时压力表指针右偏,之后的 5~10min 内降至 66 500Pa 以下,待加热槽加热至目标温度(根据样品性质设置)时将样品管放入脱气口对应的加热槽内,并加入外部悬挂的铁块。

(3) 脱气完成后,记录脱气时间,将接在脱气口的样品管放入铁架上冷却 10min,把面板上开关扳至"GAS"回填气体,时间约 10s,取出样品管,塞上橡胶塞,待球泡冷却至常温时称重,记作 m3。

3) 样品接入分析口

将样品管橡胶塞取出,套上等温夹套至样品管球泡处,并在样品管口处安上连接头和"O"

形圈,把它安装到分析口上"拧紧",在等温夹套上部夹上泡沫盖。

4)杜瓦瓶加入液氮

(1)穿戴保护用品,戴上防护镜,戴上防冻手套。

(2)先把液氮从液氮罐倒入液氮壶中,再由液氮壶慢慢注入杜瓦瓶,以减少杜瓦瓶的"热冲击",用液位检测"十字架"检查液氮液面,确保液氮液面不高于十字架上孔的下边缘。

(3)杜瓦瓶置于升降台上,注意杜瓦瓶在上升过程中是否会碰到P0管,并挂上安全罩。

5)建立样品分析文件

(1)点击"File→New Sample",点击"Replace All",调用内存中的分析模板("date"栏的"mesopore"模板)进行替代,将样品文件恢复至相同参数状态。

(2)在"Sample"一栏编辑样品名称。

(3)在"Mass"栏目内输入样品质量。

(4)点击"Save→Close",文件被以约定名称保存,建立步骤如图3-2所示。

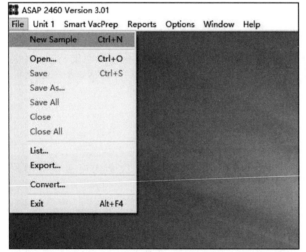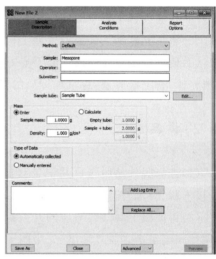

图 3-2　样品模板建立步骤

6)进行分析

(1)在"Unit1"菜单中有 4 种分析方式。一般选择"Start Analysis"与"Start High Throughput Analysis";"Start Analysis"可以对单独每一个分析口分别开始分析,在未来的分析中可以添加闲置的分析口进行分析;"Start High Throughput Analysis"可以对若干个分析口同时开始进行分析和比表面积分析,在未来的分析中不可以添加闲置的分析口,需等待两个样品同时分析完毕后再降下杜瓦瓶。

（2）点击"Browse"选择要分析的文件和对应的样品所安装的口，再次确认样品安装情况，确认无误后，点击"OK"。

（3）点击"Start"进行分析，数据被采集并输出图形。

（4）测试结束后点击"Close"，分析步骤如图 3-3 所示。

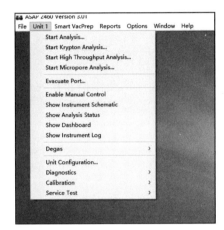 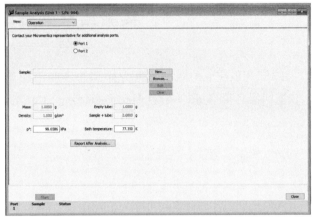

图 3-3 样品分析步骤

7）保存报告

将样品文件和参数文件打印输出至屏幕或打印机。

（1）从文件"Reports"菜单选择产生报告"Start Reports"。

（2）选择要打开的样品文件，点击"Report"，在目的地"Destination"栏目下，选择输出目的地。如果选择文件"Preview"为目的地，可以输出报告至屏幕。如果选择文件"Print"为目的地，可以打印输出报告；如果选择文件"File"为目的地，可以输出文件，在文件类型中可以选择输出"txt,xls,pdf"等类型文件。

（3）选择文件名称，点击"OK"，导出步骤如图 3-4 所示。

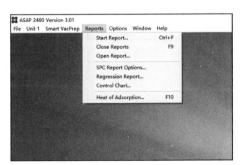 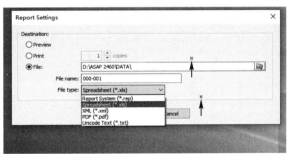

图 3-4 报告导出步骤

8）清洗

最后取下样品管并清洗干净,在下一次使用前确保样品管干燥。

6　实验结果的处理和应用

图 3-5 为以获取的原始数据为样品的吸脱附曲线,根据吸附量计算孔体积和孔比表面积,依据回滞环形态(图 3-6)判断孔形态(Sing et al.,1985)。

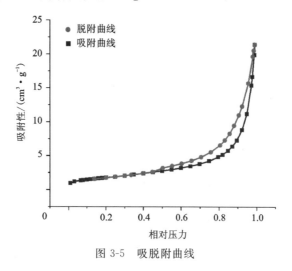

图 3-5　吸脱附曲线

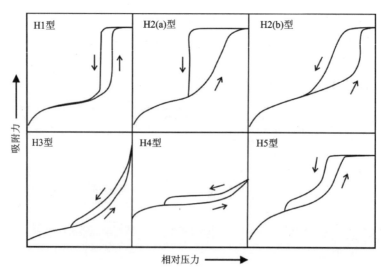

图 3-6　IUPAC 回滞环分类(上箭头表示吸附曲线上伴随相对压力上升吸附量增大;
下箭头表示脱附曲线上伴随相对压力下降吸附量降低)

H1 型回滞环:孔径分布较窄的圆柱形均匀介孔材料具有 H1 型回滞环,例如,在模板化二氧化硅(MCM-41,MCM-48,SBA-15)、可控孔的玻璃和具有有序介孔的碳材料中都能看到 H1 型回滞环。通常在这种情况下,由于孔网效应最小,其最明显标志就是回滞环的陡峭狭窄,这是吸附分支延迟凝聚的结果。但是,H1 型回滞环也会出现在墨水瓶孔的网孔结构中,其中"孔颈"的尺寸分布宽度类似于孔道/空腔的尺寸分布的宽度(如 3DOM 碳材料)。

H2 型回滞环是由更复杂的孔隙结构产生的,网孔效应在这里起了重要作用。其中,H2(a)是"孔颈"相对较窄的墨水瓶形介孔材料。H2(a)型回滞环的特征是具有非常陡峭的脱附分支,这是由于孔颈在一个狭窄的范围内发生气穴控制的蒸发,也许还存在着孔道阻塞或渗流。许多硅胶,一些多孔玻璃(如耐热耐蚀玻璃)以及一些有序介孔材料(如 SBA-16 和 KIT-5 二氧化硅)都具有 H2(a)型回滞环。H2(b)是"孔颈"相对较宽的墨水瓶形介孔材料。H2(b)型回滞环也与孔道堵塞相关,但"孔颈"宽度的尺寸分布比 H2(a)型大得多。在介孔硅石泡沫材料和某些水热处理后的有序介孔二氧化硅中,可以看到这种类型的回滞环实例。

H3 型见于层状结构的聚集体,产生狭缝的介孔或大孔材料。H3 型的回滞环有两个不同的特征:①吸附分支类似于Ⅱ型等温吸附线;②脱附分支的下限通常位于气穴引起的相对压力(p/p_0)压力点。这种类型的回滞环是片状颗粒的非刚性聚集体的典型特征(如某些黏土)。另外,这些孔网都是由大孔组成,并且它们没有被孔凝聚物完全填充。

H4 型回滞环与 H3 型的回滞环有些类似,但吸附分支是由Ⅰ型和Ⅱ型等温线复合组成的,在 p/p_0 的低端处有非常明显的吸附量,与微孔填充有关。这种类型的回滞环通常发现于沸石分子筛的聚集晶体、一些介孔沸石分子筛和微—介孔碳材料,是活性炭类型含有狭窄裂隙孔固体的典型曲线。

H5 型回滞环很少见,发现于部分孔道被堵塞的介孔材料中。H5 型虽然很少见,但它有与一定孔隙结构相关的明确形式,即同时具有开放和阻塞的两种介孔结构(如插入六边形模板的二氧化硅)。

通常,对于特定的吸附气体和吸附温度,H3 型、H4 型和 H5 型回滞环的脱附分支在一个非常窄的 p/p_0 范围内急剧下降。例如,在液氮下的氮吸附中,这个范围是 0.4~0.5,这是 H3 型、H4 型和 H5 型回滞环的共同特征(表 3-1)。

表 3-1 低压氮气吸附检测报告

样品编号	XJ-1	分析编号	1
井号		井深	
层位		岩性	煤
相对压力(p/p_0)	吸附体积/($cm^3 \cdot g^{-1}$)	相对压力(p/p_0)	脱附体积/($cm^3 \cdot g^{-1}$)
0.009 65	0.966 77	0.988 77	21.396 77
0.031 29	1.189 52	0.982 96	20.530 41
0.066 62	1.364 52	0.978 59	19.653 66

续表 3-1

样品编号	XJ－1	分析编号	1
井号		井深	
层位		岩性	煤
相对压力(p/p_0)	吸附体积/($cm^3 \cdot g^{-1}$)	相对压力(p/p_0)	脱附体积/($cm^3 \cdot g^{-1}$)
0.080 07	1.415 65	0.954 65	15.691 98
0.100 31	1.483 39	0.922 1	12.305 64
0.120 25	1.545 13	0.905 26	11.024 51
0.140 38	1.603 77	0.880 06	9.461 96
0.160 12	1.659 88	0.856 23	8.273 96
0.180 21	1.715 67	0.830 23	7.297
0.200 02	1.77	0.805 36	6.567 16
0.248 83	1.907 13	0.756 17	5.523 07
0.299 48	2.060 63	0.705 2	4.788 39
0.349 58	2.224 37	0.654 79	4.257 57
0.399 29	2.399 39	0.602 92	3.834 66
0.449 32	2.580 41	0.552 26	3.495 69
0.499 02	2.765 79	0.502 18	3.187 63
0.548 89	2.965 49	0.447 18	2.605 53
0.598 66	3.192 59	0.397 91	2.400 79
0.648 55	3.458 24	0.334 93	2.174 86
0.697 82	3.788 32	0.300 66	2.061 4
0.747 11	4.219 2	0.250 37	1.903 33
0.795 64	4.806 31	0.200 21	1.754 58
0.818 74	5.175 82	0.140 3	1.581 36
0.846 51	5.744 8	0.922 01	8.845 47
0.870 57	6.399 51	0.946 77	11.176 82
0.894 27	7.277 78	0.971 21	15.401 92

孔隙按照霍多特分类：微孔（<10nm）、过渡孔（10～100nm）、中孔（100～1000nm）和大孔（>1000nm）。孔径分布曲线均呈现单峰分布，峰值位于 3nm 处，表明微孔发育程度最强；孔体积呈现双峰分布，峰值位于过渡孔范围内，表明过渡孔孔体积最大（图 3-7）。

实验三 煤的低压气体吸附测试

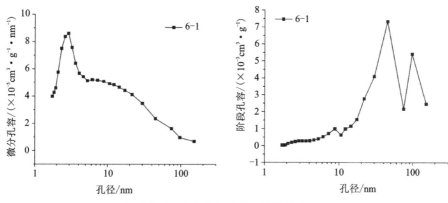

图 3-7 孔径分布曲线与孔体积分布曲线

根据解释报告,给出总孔体积(BJH adsorption pore voucme)和总孔比表面积(BET specfic surface area),以及不同类型孔隙的孔体积(表 3-2)。

表 3-2 孔径分布曲线与孔体积分布曲线

样品	总孔体积/ (cm³·g⁻¹)	总孔比表面积/ (cm²·g⁻¹)	微孔体积/ (cm³·g⁻¹)	过渡孔体积/ (cm³·g⁻¹)	中孔体积/ (cm³·g⁻¹)
6-1	0.033 2	7.64	0.004 7	0.026 0	0.002 4

低压二氧化碳吸附与低压氮气吸附操作基本一致,不同的是吸附质气体的选择与测试环境,测试环境为冰水混合物环境(表 3-3)。

表 3-3 低压二氧化碳吸附检测报告

样品编号	XJ-1	分析编号	1
井号		井深	
层位		岩性	煤
相对压力(p/p_0)	吸附体积/(cm³·g⁻¹)	相对压力(p/p_0)	吸附体积/(cm³·g⁻¹)
0.000 91	1.875 559	0.004 03	5.144 737
0.002 286	3.580 183	0.006 15	6.516 797
0.004 03	5.144 737	0.548 89	2.965 49
0.006 15	6.516 797	0.598 66	3.192 59
0.008 573	7.684 46	0.648 55	3.458 24
0.011 13	8.794 863	0.697 82	3.788 32
0.013 981	9.737 09	0.747 11	4.219 2
0.017 01	10.588 53	0.795 64	4.806 31
0.020 192	11.367 61	0.818 74	5.175 82
0.023 526	12.082 57	0.846 51	5.744 8

续表 3-3

样品编号	XJ-1	分析编号	1
井号		井深	
层位		岩性	煤
相对压力(p/p_0)	吸附体积/($cm^3 \cdot g^{-1}$)	相对压力(p/p_0)	吸附体积/($cm^3 \cdot g^{-1}$)
0.026 951	12.742 82	0.870 57	6.399 51
0.030 468	13.353 68	0.894 27	7.277 78
0.000 91	1.875 559	0.922 01	8.845 47
0.002 286	3.580 183	0.946 77	11.176 82
		0.971 21	15.401 92

根据 DFT(density functional theory)方法对二氧化碳吸附数据进行处理获得样品 XJ-1 的微孔孔径分布如图 3-8 所示。样品的孔径均分布在 0.45～1.10nm 之间，微孔的孔径分布是多峰的，有 8～12 个峰。

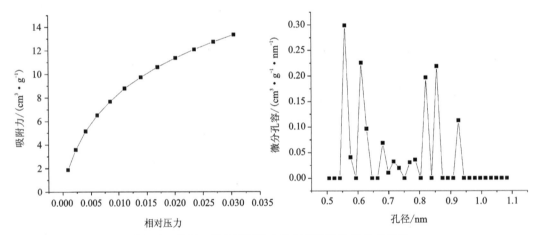

图 3-8 低压二氧化碳吸附曲线与超微孔孔径分布曲线

根据解释报告中 D-R 微孔比表面积与 D-A 微孔体积(表 3-4)统计微孔孔隙结构参数。

表 3-4 二氧化碳吸附实验结果

样品	D-R 微孔比表面积/($m^2 \cdot g^{-1}$)	D-A 微孔体积/($cm^3 \cdot g^{-1}$)
XJ-01	117.1	0.044 5

在实际应用中，低压气体吸附实验主要为煤岩/页岩样品提供孔隙结构参数，后续可为储层物性评价以及根据样品间孔隙结构参数分析含气性、渗流特征等的差异成因。在论文 *Pore structure characterization of low volatile bituminous coals with different particle size and tectonic deformation using low pressure gas adsorption* 中，Hou 等(2017)展开了针对原生结构煤与构造煤粒度效应的对比研究，对两种煤样分别进行破碎缩分，获取其 18～35 目

(0.50～1.00mm)、35～60目(0.25～0.50mm)、60～120目(0.125～0.250mm)、120～230目(0.063～0.125mm)和230～450目(0.032～0.063 mm)的粉末样品,在对每个粒度样品进行粒度评价的基础上展开低压氮气吸附实验与低压二氧化碳吸附实验,获取低压氮气吸附-脱附曲线(图3-9)与低压二氧化碳吸附曲线(图3-10),统计报告内相应数据获取中孔孔隙结构特征与微孔孔隙结构特征。

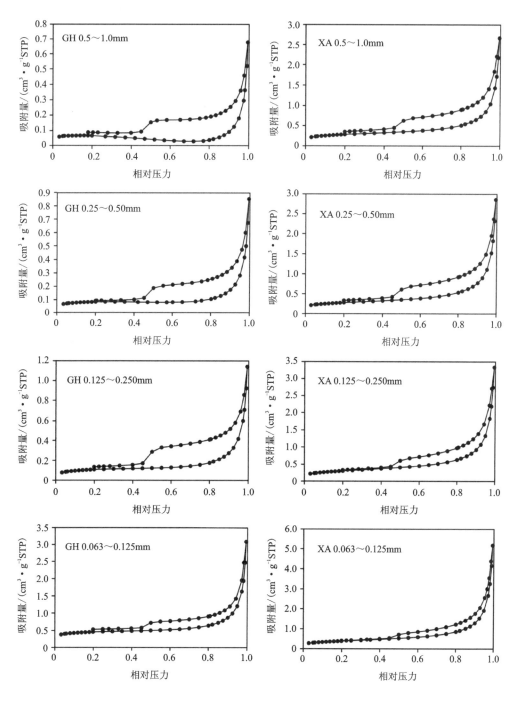

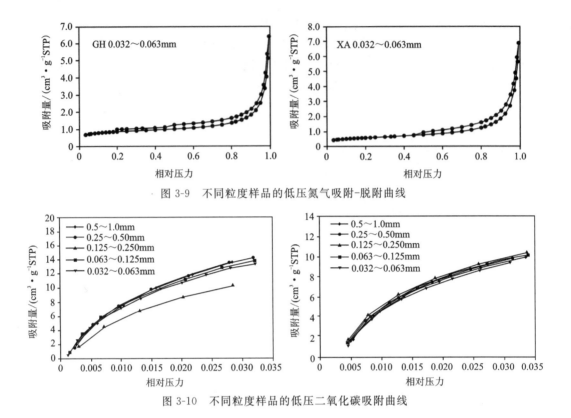

图 3-9　不同粒度样品的低压氮气吸附-脱附曲线

图 3-10　不同粒度样品的低压二氧化碳吸附曲线

中孔孔隙结构特征包括孔隙结构参数（BET 微孔比表面积，BJH 微孔体积，图 3-11），中孔孔径分布曲线（BJH 孔径分布曲线，图 3-12）。

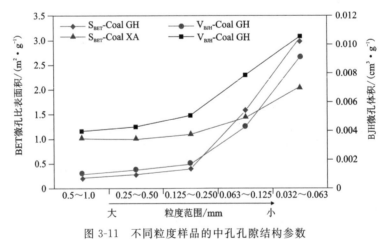

图 3-11　不同粒度样品的中孔孔隙结构参数

微孔孔隙结构特征包括孔隙结构参数（D-R 微孔比表面积，D-A 微孔体积，图 3-13），中孔孔径分布曲线（DFT 孔径分布曲线，图 3-14）。

后续通过煤岩煤质与孔隙结构参数的相关性，从分馏角度讨论粒度效应差异性成因（图 3-15）。

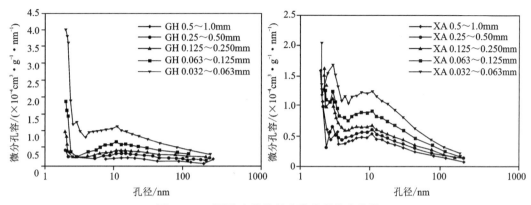

图 3-12 不同粒度样品的中孔孔径分布曲线

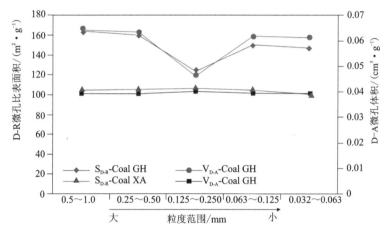

图 3-13 不同粒度样品的超微孔孔隙结构参数

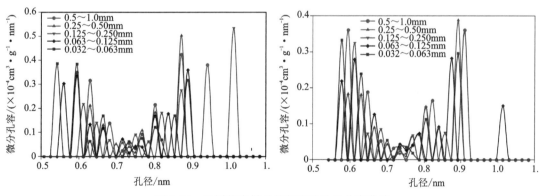

图 3-14 不同粒度样品的超微孔孔径分布曲线

通过相同粒度,相似煤质结构参数的原生结构煤与构造煤中孔/微孔孔隙结构特征对比,分析构造作用对煤孔隙结构的影响(图 3-16)。

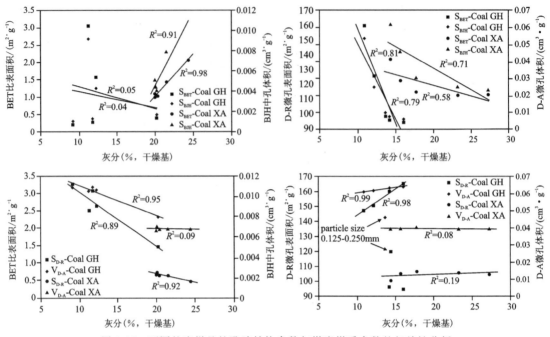

图 3-15 不同粒度样品的孔隙结构参数与煤岩煤质参数的相关性分析

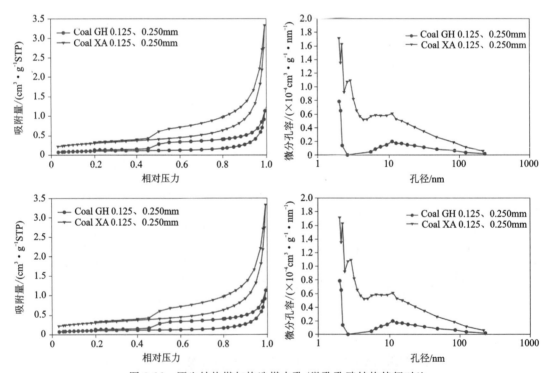

图 3-16 原生结构煤与构造煤中孔/微孔孔隙结构特征对比

7 注意事项

(1)实验采用精密仪器,注意操作规范。
(2)注意气体切换操作。
(3)在进行样品测试时如果出现问题,应及时咨询仪器管理人员。

实验四 煤的等温吸附实验

在等温吸附实验中,煤样被置于高压容器中,通过控制温度和压力来模拟煤层中的地下条件。随着压力的升高,煤样表面开始吸附煤层气,形成吸附相。当达到临界解吸压力时,煤层气开始从煤样中解吸并形成气体相。通过监测压力和吸附量的变化,可以确定临界解吸压力、理论采收率、理论饱和度以及其他数据。利用煤的等温吸附实验结果,可以进一步评估煤层气的可采性和潜在产能。通过分析煤储层中煤层气的吸附解吸特性,可以确定最佳的开采模式和工艺参数,从而提高煤层气的采收率。通过计算煤储层的理论含气量,可以对煤层气资源进行初步预测,为煤层气勘探与开发提供重要参考。

另外,煤的等温吸附实验是一种常用于求取煤层气临界解吸压力的方法。临界解吸压力是评价煤层气可采性的重要指标。它是指在一定温度下,煤层中煤层气开始从煤表面解吸并形成气体相的压力。对于煤层气储层来说,临界解吸压力等吸附等温线的参数是确定开采模式、预测产能所必须的关键参数之一。本实验可以模拟煤层中煤与煤层气之间的吸附平衡关系,从而估算煤储层的理论含气量,并确定煤层气的饱和状态。这些信息对于预测煤储层在降压解吸过程中煤层气的采收率或可采资源量至关重要。

1 实验目的与要求

通过本次课程实验,学生需要达到以下目的与要求。

(1)在实验过程中学会使用相关仪器设备。

(2)利用煤岩等温吸附测试系统设备,测定不同压力下煤对甲烷气体的吸附等温线,通过实验了解煤岩吸附性的性质。

(3)测定不同压力、温度条件下达到吸附平衡所需时间,以及平衡时所吸附甲烷气体的体积并记录相关数据。

(4)测定解吸气体的体积并记录相关数据。

(5)本实验为综合性实验,需要学生了解实验的原理和实验的操作步骤,并且还要有一定的动手操作能力,气瓶的使用需要在教师的指导下进行。

2　实验原理

煤岩等温吸附测试装置是将煤样置于密封容器中,测定在不同压力、不同温度条件下达到吸附平衡时所吸附的甲烷等实验气体的体积,然后根据 Langmuir 单分子层吸附理论,通过理论计算求出煤对甲烷等实验气体吸附特征的吸附常数——Langmuir 体积(V_L)、Langmuir 压力(p_L)以及等温吸附曲线,通过气排水计量装置计量解吸气体体积。

仪器根据煤层气吸附理论,测定在样品筒达到吸附平衡后的吸附量。

仪器依据《煤的高压等温吸附试验方法》(GB/T 19560—2008)进行设计制造。

3　实验仪器和材料

筛网(20 目,80 目)、碎样器皿、煤岩等温吸附测试系统(图 4-1、图 4-2)。

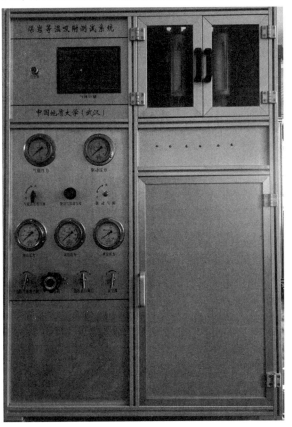

图 4-1　煤岩等温吸附测试系统整体

a.解析气计量采集部分

b.自动气排水部分

c.气体增压部分

d.温控，参考缸，吸附罐部分

e.自动控制阀部分

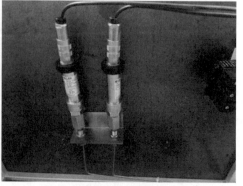
f.KILLER压力传感器采集部分

图 4-2 煤岩等温吸附测试系统功能部分

4　样品制备

在实验前,需先将样品破碎至60～80目,对应粒径为0.18～0.25mm,干燥2h。

5　实验步骤

等温吸附实验的进行需严格按照"调试-标定-吸附-计算流程"进行操作,对各个部件的操作需严格按照示意图所述部位进行(图4-3)。

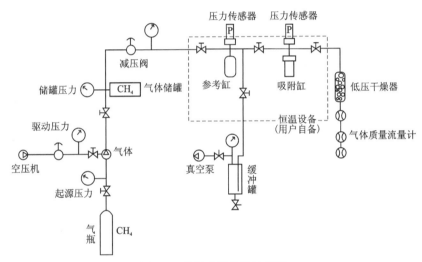

图4-3　等温吸附仪器示意图

1)仪器调试流程

(1)安装:安装过程中避免杂物进入出口,保持出口清洁。

(2)驱动气体:请使用清洁的气源,以保证泵能持续稳定的工作,驱动气体要求颗粒直径小于$5\mu m$。

(3)连接管路:根据泵的输出压力,请选择合适的出口连接管路,确保承受泵的最大输出压力。

(4)入口压力:入口压力越大,流量也随之增大,单级增压泵,需要一定的预压才能达到理论最大输出压力。最小气体入口压力为2.1MPa。

(5)启动:改泵的最大驱动压力为0.83MPa,为了保证泵的寿命,建议驱动压力不大于0.7MPa。可通过调压阀调节驱动气体的压力,以达到所需要的压力。

2）系统操作流程

(1)系统共包括4个压力表：气瓶压力，量程16MPa，精度1.6级；控制驱动气体的压力（即压缩空气），量程1.6MPa，精度1.6级；出口压力即增压泵出口压力（即气体储罐压力），量程60MPa，精度1.6级；调压压力即调压阀出口压力，量程70MPa，精度1.6级。

其中，驱动气压与最终打出压力的气体的换算关系为：100×驱动气压＝最终打出压力。

(2)4个控制阀门：气瓶高压进口阀、驱动气体进口阀、高压气体出口阀和减压阀出口阀。

(3)2个调压阀：驱动气体调压阀和减压阀。

3）空余体积的标定

(1)向样品缸中放入1/4、1/2的钢块，向参考缸中通入0.6~0.8MPa的气体，记录压力P1，平衡后记录压力P2。

(2)向样品缸中放入1/2的钢块，向参考缸中通入0.6~0.8MPa的气体，记录压力P3，平衡后记录压力P4。

(3)将上述压力填入软件中，点击"计算"按钮，得出参考缸及样品缸体积（图4-4）。

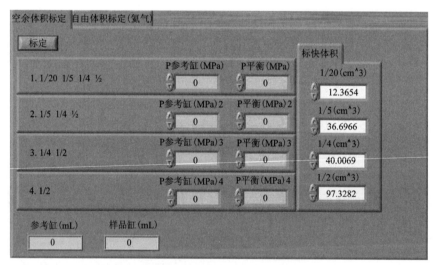

图4-4 空余体积的标定示意图

4）自由体积标定（氦气）

(1)装入样品后，向参考缸中通入氦气，记录压力P5。

(2)平衡后，记录压力P6。

(3)将上述压力填入软件中，点击"计算"按钮，得出自由体积（图4-5）。

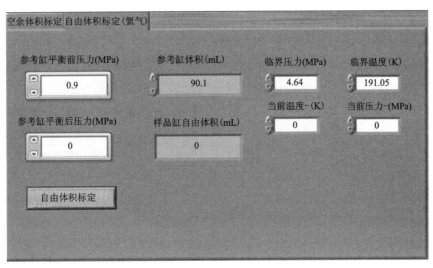

图 4-5 自由体积的标定示意图

5)煤岩等温吸附操作步骤

(1)根据上面操作步骤将气体增压到高压储罐中备用,预先增压至 40MPa。
(2)提前设定实验的温度,比如 80℃。
(3)往样品罐中装入待测样品,如样品超过 10g 使用大吸附罐,样品小于 10g 使用 10mL 吸附罐。
(4)打开参考缸进气阀,通过增压系统上调压阀,向参考缸中调入所需压力的气体。
(5)开启真空泵抽真空,抽 6h 以上。
(6)打开平衡阀,进行吸附实验,点击操作界面"开始实验"按钮(图 4-6)。

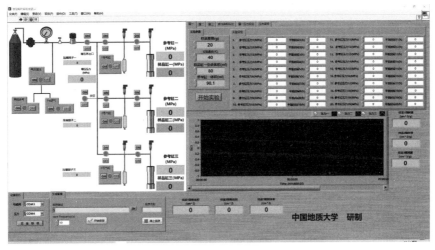

图 4-6 软件操作界面

(7)吸附完成后打开出口阀,点击触摸屏上"启动"按钮进行气体的计量。

(8)软件实时得出吸附量的值(图4-7)。

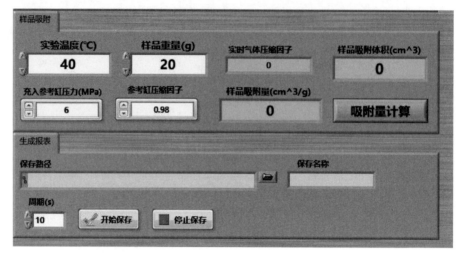

图4-7 吸附结果

(9)最后点击保存结果按钮,得到WPS格式的输出结果。

6 实验结果与应用

煤的等温吸附曲线主要应用于以下3方面:第一,确定煤储层中的煤层气临界解吸压力;第二,估算煤储层的理论含气量和确定煤层气的饱和状态;第三,预测煤储层在降压解吸过程中煤层气的采收率或可采资源量(张翔和陶云奇,2011)。

计算理论饱和度。应当指出:等温吸附曲线和煤层含气量均应校正为干燥无灰基,才能进行对比;对于煤储层的气饱和状态的估计,可采用理论饱和度或实测饱和度参数,理论饱和度是实测含气量与Langmuir体积之比值,即

$$S_{理}=V_{实}/V_L \tag{4-1}$$

式中:$S_{理}$为理论饱和度,%;$V_{实}$为实测含气量,m³/t;其他符号同前。

实测饱和度则是实测含气量与实测储层压力投影到吸附等温线上所对应的理论含气量的比值,有

$$S_{实}=V_{实}/V$$
$$V=V_L p/(p+p_L) \tag{4-2}$$

式中:$S_{实}$为实测饱和度,%;p为实测储层压力,MPa;V为实测储层压力投影到吸附等温线上所对应的理论含气量,m³/t;其他符号同前。

实测饱和度的可靠程度虽然远高于理论饱和度,但因吸附等温线是在实验室内通过气压实验得出的,储层压力又是通过试井得出的水体流动压力,而煤储层原位流体压力是气压与

水压的综合。因此,计算的饱和度误差较大,因实测的煤层含气量中包括游离气,使不同煤级煤计算的饱和度误差不同,低煤级煤误差更大(傅雪海等,2007)。

煤层含气饱和度定义显示煤层气含气饱和度由两部分组成:第一部分为原始储层压力条件下煤层所能吸附的气体含量,即理论含气量;第二部分为经过长时间地质事件之后,现今保存于煤层中的含气量,即实测含气量。通过对比保存于现今煤层中的实测含气量值与原始储层压力条件下理论含气量值大小,可将煤层含气饱和度分为 3 种类型:①欠饱和,实测含气量小于理论含气量,含气饱和度 $S_g < 100\%$;②饱和,实测含气量等于理论含气量 $S_g = 100\%$;③过饱和,实测含气量大于理论含气量,$S_g > 100\%$。煤层含气饱和度大小可通过煤层等温吸附曲线表示,将实测含气量值投影于等温吸附曲线图上,在储层压力相同条件下,当实测含气量值位于煤层等温吸附曲线之上时,煤层完全饱和,当实测含气量值位于等温吸附曲线上方时,则煤层过饱和,反之实测含气量值位于等温吸附曲线下方,则煤层欠饱和(图 4-8)。

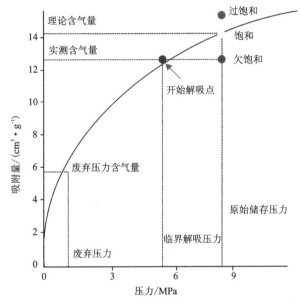

图 4-8 据吸附等温线计算的实测饱和度和临界解吸压力

求取临界解吸压力。煤层气临界解吸压力与煤储层含气量及吸附-解吸特性呈函数关系,是估算煤层气采收率的重要参数。临界解吸压力与储层压力之比(简称为临储压力比)往往决定了地面煤层气开采中排水降压的难易程度(葛燕燕,2016)。

临界解吸压力系是指在等温曲线上煤样实测含气量所对应的压力(图 4-8),可由式(4-3)计算得到。

$$p_{cd} = \frac{V_{实}V_L}{V_L - V_{实}} \tag{4-3}$$

式中:p_{cd} 为临界解吸压力,MPa;其他符号同前。

据沁水盆地施工的煤层气参数井实测含气量、储层压力、等温吸附曲线计算得出临界解吸压力范围为 0.84～2.40MPa，平均为 1.58MPa，晋城矿区高于潞安矿区，晋城矿区大多都在 2MPa 以上，潞安矿区一般在 1MPa 左右(表 4-1)。但据全国煤层气资源评价资料，由等温吸附曲线和含气量计算的临界解吸压力值普遍偏低，一些煤层气试验井的排采资料表明，气井的实际临界解吸压力要高于等温吸附曲线所计算的值，计算的临界解吸压力与我国煤层气井，尤其是气压较大的煤储层差别很大。

表 4-1 沁水盆地中南部含气饱和度、理论采收率

参数	3 煤					15 煤				
地点	V_L/($m^3 \cdot t^{-1}$)	p_L/MPa	p_{cd}/MPa	S/%	η/%	V_L/($m^3 \cdot t^{-1}$)	p_L/MPa	p_{cd}/MPa	S/%	η/%
潞安	34.1	2.23	0.89	55.0	16.2	31.9	1.00	1.14	51.1	28.9
屯留	32.2	1.82	1.37	59.0	35.3	25.9	2.35	1.84	43.8	47.7
长治	32.6	2.47	0.84	27.5	14.3	33.6	2.47	1.17	45.8	19.7
赵庄	32.6	2.47	0.86	35.5	15.7	35.4	2.39	1.26	44.9	21.0
樊庄	47.5	2.78	2.37	71.8	57.8	49.6	2.95	1.26	60.7	55.9
潘庄	44.2	2.31	2.40	56.8	54.4	51.8	2.19	2.24	69.7	52.1
大宁	40.7	2.40	2.38	54.2	52.8	50.4	2.31	2.11	45.9	49.7

计算理论采收率。煤层甲烷采收率不仅取决于煤层的含气性、煤的吸附/解吸特性以及煤层所处的原始压力系统，而且相当程度上受控于煤层气的钻井、完井和开采工艺，即煤层被打开后储层压力所能降低的程度和压降的大小。据美国的经验可降至的最低储层压力为 100 磅/平方英寸，约为 0.7MPa，由临界解吸压力和 Langmuir 常数可计算出最大理论采收率为

$$\eta = 1 - \frac{p_{ad}(p_L + p_{cd})}{p_{cd}(p_L + p_{ad})} \qquad (4-4)$$

式中：η 为最大理论采收率，%；p_{ad} 为枯竭压力，MPa；其他符号同前。

据沁水盆地施工的煤层气参数井实测含气量、储层压力、等温吸附曲线计算得出的临界解吸压力可以得到理论采收率(表 4-1)，其值变化于 14.3%～57.8%，平均为 37.3%，晋城矿区大于潞安矿区，以潘庄、樊庄井田为最高，长治、赵庄井田最低。许多学者进行了等温吸附相关的研究：Pasin(2009)通过对美国黑勇士盆地产气储层的研究发现，结合煤层含气饱和度、等温吸附曲线形态及储层压力可识别最大产能煤层；Knox 和 Hadro(1997)在对波兰 Wygorzele 1 井研究时指出同一煤样在不同温度条件下，煤层等温吸附曲线存在两种不同的形态特征，说明煤层温度对煤层气含气饱和度的测定产生直接的影响。

根据实验获得的等温吸附实验数据，可以按照表 4-2 进行汇总，按照表 4-3 完成实验报告，在实验过程中按照表 4-4 进行数据记录，Langmuir 方程计算结果记录于表 4-5，等温吸附曲线图应参考图 4-10。

表 4-2 煤的等温吸附实验结果汇总

采样位置	样品编号	Langmuir 体积/(cm³·g⁻¹)		Langmuir 压力/MPa
		原煤基	可燃基	
成庄矿 3# 煤	CZ1#	22.46	31.11	1.55
	CZ2#	23.43	33.04	1.74
	CZ3#	25.80	31.95	1.70
	CZ4#	26.12	32.21	1.84
赵庄矿 3# 煤	ZZ1#	29.41	35.24	2.89
	ZZ2#	28.37	34.14	2.92
	ZZ3#	28.51	34.63	2.99
	ZZ4#	30.05	36.12	3.14
吴堡区块	WQ1#	36.55	46.82	3.08
	WQ2#	37.91	47.13	2.89

表 4-3 等温吸附实验报告

试验煤样特征	试验编号	1	送样号	CZ1#	采样地区	成庄矿
	采样井号		煤层	3# 煤	深度/m	
	样品质量 G_{ad}/g	115.1	水分 M_{ad}/%	2.63	灰分 A_{ad}/%	25.18
	平衡水分 M_e/%	2.17	干燥无灰基样品重量 M_{daf}/g		83.09	
实验条件	试验温度/℃	23	氦气浓度/%	99.999	甲烷浓度/%	99.999

表 4-4 等温吸附实验数据表

记录号	压力/MPa	空气干燥基/(cm³·g⁻¹)			干燥无灰基/(cm³·g⁻¹)		
		$V_{实测}$	$V_{计算}$	p/V	$V_{实测}$	$V_{计算}$	p/V
1	1.186 0	9.502 2	9.736 0	0.124 8	13.162 8	13.485 5	0.090 1
2	2.796 8	15.275	14.451 1	0.183 1	21.159 4	20.016 7	0.132 2
3	3.495 2	15.300 1	15.559 8	0.228 4	21.194 2	21.552 3	0.164 9
4	4.939 5	16.891 3	17.095 5	0.292 4	23.398 4	23.679 5	0.211 1
5	5.806 1	17.908 8	17.727 5	0.324 2	24.807 9	24.554 8	0.234 0
6	8.253 4	18.892 5	18.908 9	0.436 9	26.170 5	26.191 2	0.315 4

表 4-5　Langmuir 方程计算结果表

实验参数	Langmuir 体积/(cm³·g⁻¹)	Langmuir 压力/MPa	相关系数
空气干燥基	22.46	1.55	0.999 7
干燥无灰基	31.11	1.55	0.999 7

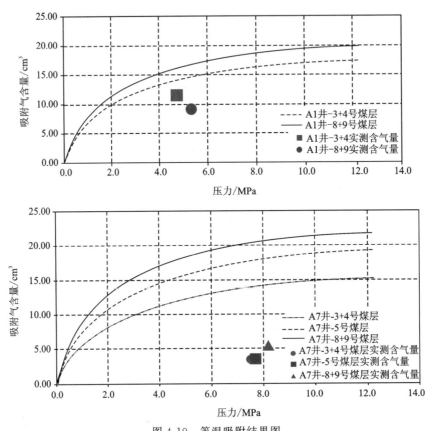

图 4-10　等温吸附结果图

　　煤层含气饱和度与煤层气井产能呈正相关。煤层排水降压过程中,煤层含气饱和度越高,煤层渗透性改善幅度越大,煤层气井产能越大。低含气饱和度煤层渗透率则在排采过程中渗透率下降幅度较大,煤层气井产能较低。在煤层气井生产过程中,煤层渗透性主要受两方面因素影响,一是作用于煤层之上有效应力,二是煤基质收缩效应。以上两个因素对煤层渗透率变化起到相反作用。

　　煤层为应力敏感性储层,随着煤层排水降压过程的进行,煤层孔隙压力减小,上覆岩层作用于煤层上的有效应力增大,由此导致煤层割理系统闭合,煤层渗透率降低(图 4-11a)。煤层气主要以范德华力吸附于煤基质表面并占据基质微孔隙,当煤层压力降低至临界解吸压力,气体分子脱离煤基质表面,煤基质收缩。煤是由基质和割理裂缝系统共同组成的双孔隙系统,煤基质收缩体积减小,割理宽度增大,煤层渗透率增大(图 4-11b)。同时煤基质收缩效应可能会在煤中诱导形成新的天然裂缝,这些裂缝将煤中原有裂缝系统沟通,由此致使整个煤层渗透性均得到改善。

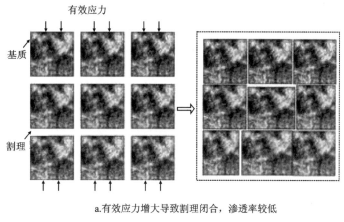

a.有效应力增大导致割理闭合,渗透率较低

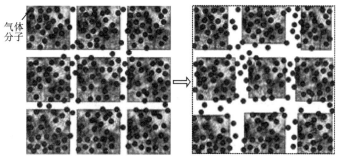

b.气体解吸,基质收缩导致割理变宽,渗透率增大

图 4-11 有效应力与基质收缩对煤层渗透率影响

煤层等温吸附曲线上显示(图 4-12),低含气饱和度煤层临界解吸压力小于高含气饱和度煤层。煤层在达到临界解吸压力之前,煤基质收缩作用可忽略不计,低含气饱和度煤层渗透性在排采过程中主要受控于有效应力作用,低含气饱和度煤层达到临界解吸压力的周期大于高含气饱和度煤层,因此低含气饱和度煤层受有效应力作用强度大于高含气饱和度煤层,由此导致低含气饱和度煤层渗透率下降幅度大于高含气饱和度煤层。煤层渗透性变差反映了煤层中割理、裂缝系统闭合,煤层气导流能力降低,煤层气井产能降低,达到产气峰值时间较长。

高含气饱和度煤层由于其临界解吸压力较高,煤层只需短周期排水降压即可以达到临界解吸压力。在达到临界解吸压力之前,煤层渗透率仍然主要受控于有效应力,其渗透率会短时间降低,当煤层达到临界解吸压力之后,煤基质开始收缩,此时煤基质收缩效应超过上覆岩层有效应力作用,煤层渗透率开始增大,煤层气渗流通道变宽,煤层气井产能变大,因此高含气饱和度煤层产气峰值较大,达到产期峰值时间较短。

煤层气井采收率是反映煤层气井产能一个重要指标。煤层最终采收率随煤层含气饱和度增加而增大。高含气饱和度煤层,临界解吸压力较高,气体通过小幅压降即可以达到临界解吸压力,发生解吸-扩散-渗流,同时由于在排采过程中高含气饱和度煤层渗透性不断得到改善,煤层导流能力提高,高含气饱和度煤层压降范围大于低含气饱和度煤层泄压范围,因此高含气饱和度煤层在相同排采时间内产出气体体积大于低含气饱和度煤层,煤层气井采收率大于低含气饱和度煤层。

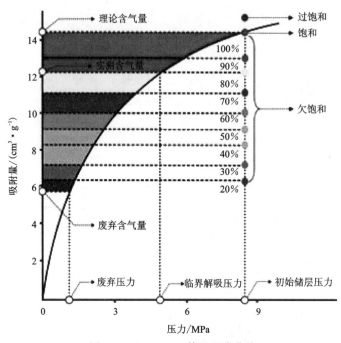

图 4-12 Langmuir 等温吸附曲线

7 注意事项

(1)在涉及甲烷气体的操作中,务必遵守操作规范,以确保安全。
(2)实验过程涉及高压操作,在高压操作过程中,应特别注意安全措施。
(3)在进行样品测试时如遇到任何问题,应立即咨询仪器管理人员以获得指导。

8 思考题

已知沁水盆地晋试 1 井原煤的 Langmuir 体积为 39.91m^3/t,Langmuir 压力为 3.034MPa,试井过程中实测的初始储层压力为 10.5MPa,实测的吸附气含量为 27.55m^3/t,根据 Langmuir 吸附状态方程,求临界解吸压力、含气饱和度,假设废弃压力为 1MPa,求可采含气量和采收率。

实验五　煤的渗透率测试

渗透率是衡量流体在储层介质中流通难易的一个重要参数。对于煤层气储层来说，渗透率是储层评价、产能计算和开发方案制订所必须的关键参数之一。煤的渗透率测试主要是表征煤层中气、水等流体的渗透性能，通过渗透率测试，可以判断煤储层的孔渗性，对于定量分析煤层气运移和进一步提高煤层气产量同样至关重要。

1　实验目的与要求

(1)学会使用实验过程中的相关仪器设备。

(2)利用三轴应力约束渗透率测试设备，通过稳态法和瞬态法对给定应力条件的煤岩进行渗透率测试。

(3)通过实验了解测试方法中稳态法和瞬态法之间的差异以及煤岩渗透率的性质。

(4)本实验为综合性实验，需要学生了解实验的原理和实验操作步骤，并且还要有一定的动手操作能力，气瓶的使用需要在教师的指导下进行。

(5)学会处理分析瞬态法测定渗透率的实验数据，浅析实验现象。

2　实验原理

本实验的测试方法和原理均以行业标准《覆压下岩石孔隙度和渗透率测定方法》(SY/T 6385—2016)的内容为基础进行开展。

渗透率测定分为稳态法和瞬态法两种。稳态法的测定是依据达西定律，流体通过单位横截面多孔介质的体积流速与势能梯度成正比，与流体黏度成反比。瞬态法是采用"压力下降"技术，即采用孔隙压力随时间的衰减变化规律计算岩石的渗透率(Sander et al.，2017)。

1) 稳态法

稳态实验方法的设计原理如图 5-1 所示,图中长纵坐标轴为气体压力,短纵坐标轴为气体流量。在稳态渗透率实验中,将样品放入三轴岩芯夹持器中,并缓慢施加轴向及环向压力以达到初始条件,在进行此应力条件下测试时应保持围压恒定(①线),然后将样品和系统管路抽真空。随后将测试气体注入管路中以达到一个平衡状态(②线),在此初始条件下认为样品中的压力是均匀分布的(Qiu et al.,2017)。

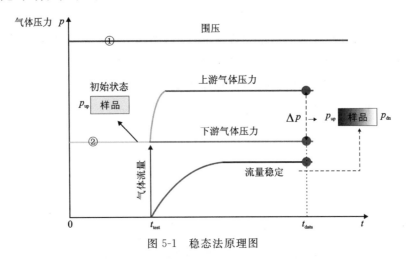

图 5-1 稳态法原理图

测试前,样品的上下游气体压力相等($p_{up} = p_{dn}$),随后增大上游气压并保持稳定。从而在上下游之间产生一个稳定的压差(Δp),当下游出气口气体流量保持稳定之后,认为样品内部压力呈线性下降($p_{up} > p_{dn}$)。

依据可压缩气体达西定律,稳态法渗透率计算公式如下

$$k = \frac{2Q_a p_a \mu L}{A(p_{up}^2 - p_{dn}^2)} \tag{5-1}$$

式中:k 为计算所得渗透率,$10^{-3} \mu m^2$;Q_a 为气体压力 p_a 下的气体流速,cm^3/s;μ 为流体黏度,$MPa \cdot s$;L 为岩芯样品长度,cm;A 为岩芯样品横截面面积,cm^2;p_{up} 为岩芯上游气体压力,Pa;p_{dn} 为岩芯下游气体压力,Pa。

2) 瞬态法

瞬态法实验方法的设计原理如图 5-2 所示,在瞬态渗透率实验中,将样品放入三轴岩芯夹持器中,并缓慢施加轴向及环向压力以达到初始条件,在进行此应力条件下测试时保持围压恒定(①线),然后将样品和系统管路抽真空。随后与稳态法操作相同,将测试气体注入管路中达到一个平衡状态(②线),这是初始条件,认为样品中的压力分布是均匀平衡的。测试前,样品的上下游气体压力相等($p_{up} = p_{dn}$),随后给上游一个压力脉冲(增大上游气压),从而

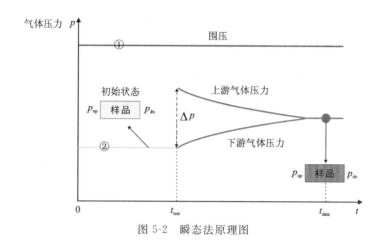

图 5-2 瞬态法原理图

在上下游之间产生一个压差（Δp），该压差随着时间逐渐衰减。当上下游压力再次保持一致时认为样品内压力相同（$p_{up} = p_{dn}$）。通过记录的上下游压力差变化过程来计算渗透率（Ghanizadeh et al.，2014）。解吸方程为

$$\frac{p_{up}(t) - p_{dn}(t)}{p_{up}(t_0) - p_{dn}(t_0)} = e^{-\upsilon t} \tag{5-2}$$

$$\upsilon = \frac{kA}{\mu \beta L}\left(\frac{1}{V_{up}} + \frac{1}{V_{dn}}\right) \tag{5-3}$$

式中：$p_{up}(t) - p_{dn}(t)$ 是上下游之间在时间 t 的压力差，Pa；$p_{up}(t_0) - p_{dn}(t_0)$ 是上下游之间在时间 t_0 的压力差，Pa；υ 是在半对数坐标上绘制压力衰减 $p_{up}(t) - p_{dn}(t)$ 随时间变化时的直线斜率；A 是样品横截面面积，cm²；μ 是流体黏度，mPa·s；β 是气体压缩系数；L 是样品长度，cm；V_{up} 和 V_{dn} 是上游和下游标准室体积，cm³。气体黏度会随着温度压力的改变而产生变化，为了使计算更加精确，此次所取气体黏度数值均来自于美国国家技术标准局（NIST）的规范。

3　实验仪器和材料

仪器：本实验采用三轴应力约束渗透率测试装置，实物如图 5-3 所示。该实验系统主要由 5 部分组成：岩芯夹持器、气压控制、恒温系统、高精度围压控制系统、数据采集系统。可以对岩芯施加设定的载荷，设置注气压力/速率，并且在三轴应力条件下对样品的变形过程及渗流响应进行动态测试及自动采集相关数据，相关参数如表 5-1 所示。岩芯夹持器置于恒温控制柜内，温度可保持设定的恒定值，偏差为 ±0.5℃。

材料：渗透率实验是通过岩芯进行相关测试，直接获得煤的渗透率。通常做法是通过岩芯钻头钻探煤块来获得煤芯，煤芯的直径一般为 25mm，长度保持在 30～80mm 之间。

图 5-3 三轴应力约束渗透率测试装置

①岩心夹持器；②气压控制；③恒温系统；④高精度围压控制系统；⑤数据采集系统

表 5-1 测试装置的主要技术参数和技术指标

技术参数	技术指标
最大轴压及围压	轴向 70MPa，环向 40MPa
气体流量计量程	流量≤500mL/min；精度 0.001mL/min
最大注气压力	20MPa
气体标准气体室体积	100mL、50mL 气体标准室
气体压力传感器精度	满量程±0.25%

4 样品制备

选取实验研究区的煤块样，选择与煤样层理面垂直的角度进行钻孔，使得最后的圆柱形煤芯样品的上下面与层理面平行。煤芯直径应为 25mm，长度在 30～80mm 之间，合适的样品尺寸可以缩短实验时间，同时能够保证实验结果的准确性。

5 实验步骤

1) 实验准备

在开始正式测试实验之前，应做好实验准备工作，具体的检查工作有：①检查气瓶压力值是否满足 2～3MPa，否则需要更换气瓶；②检查轴压、环压泵的供液瓶内水是否超过瓶内 2/3；③检查压力控制器（ER5000）是否连接成功，煤岩渗透率软件系统是否运行正常；④检查实验设备的气密性（选用实心铁块装入夹持器，对其进行轴围压加载，加压气体选用氦气。气体通入后,收集 24h 的上下游压力数据,观察是否有明显变化)。

2)样品准备

本实验应选取直径为 2.5cm,长度在 3~8cm 之间的圆柱形岩芯样品进行实验,在进行测试之前,还应放入烘箱内干燥 5h 以上。

3)装样

将干燥后的实验岩芯装入岩芯夹持器内,并选择合适长度的垫片随后装填,以确保岩芯在岩芯夹持器的中间位置。装样时应将垫片螺纹端对准样品(图 5-4、图 5-5)。随后将夹持器的进气端、出气端分别与进气阀和出气阀相连(图 5-6)。

图 5-4　垫片的螺纹端　　　图 5-5　样品装入夹持器　　　图 5-6　夹持器连接气路

4)加载轴压与围压

向轴压、围压阀内注入液体:打开轴压、围压阀的控制开关和显示开关,然后分别打开进液阀(图 5-7),点击显示屏上的"进液""开始"键(图 5-8),设备开始注入液体,待液体注入完毕后点击停止,关闭进液阀。

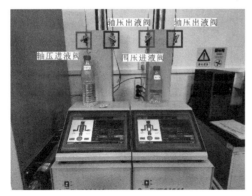 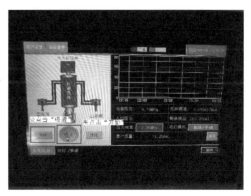

图 5-7　打开轴压、围压的进液阀　　　　　图 5-8　给设备注入液体的操作步骤

加载轴压、围压:分别打开轴压、围压的出液阀(图 5-9),点击显示屏上的"排液""开始"键(图 5-10),开始向岩芯加持器内的岩石样品加载轴压、围压,调整设置的轴压、围压值以 0.5MPa 幅度阶梯加压提升至 3MPa,加压过程中注意在每次以 0.5MPa 幅度加压时,保证围压与轴压均达到相同的目标压力,这时再继续加压,打开夹持器上方与围压环空相接的阀门,待有水产出且无气泡时关闭阀门,并打开进气阀。

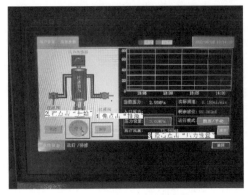

图 5-9　加载轴围压操作步骤

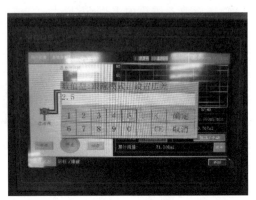

图 5-10　轴围压以压力梯度加压

5)加载气压

打开 ER5000 气泵的电源及其控制软件,待检测端口连接正常后以 0.1MPa 为梯度升高压力至 1MPa,设置方法为在设定值 1 或设定值 2 输入数值,然后回车确认,每次升高压力后均待压力稳定再继续升高压力(图 5-11、图 5-12)。

图 5-11　ER5000 气泵

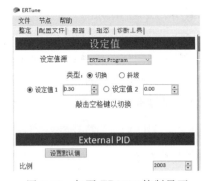

图 5-12　气泵 ER5000 控制界面

6)渗透率测试

打开煤岩渗透率测试装置(图 5-13),打开煤岩渗透率测试软件,点击设备联机(图 5-14),检查轴压、围压、入口压力是否为设置值,否则重新检查装置气密性;打开加热柜开关,设置环境温度,待流量计示数稳定后在软件右侧输入岩芯尺寸(直径与长度)、气体黏度、大气压力(图5-15),选取与流量相近的流量计,点击测试按键,即可显示气测渗透率(图5-16)。

 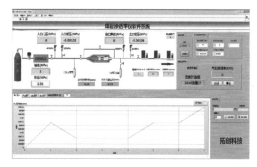

图 5-13　煤岩渗透率测试装置　　　　图 5-14　实验设备的监控界面

 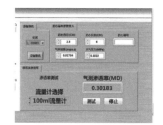

图 5-15　输入样品基本参数界面　　　　图 5-16　实验结果界面

瞬态法测试需要在加载气压后关闭出气阀,打开脉冲平衡阀,待上下游气压相等时关闭脉冲平衡阀,此时通过ER5000气泵将进口压力升高至目标值并关闭进气阀,记录时间以及进出口压力变化(出口阀应始终保持关闭状态,图5-17)。通过线性拟合计算渗透率。

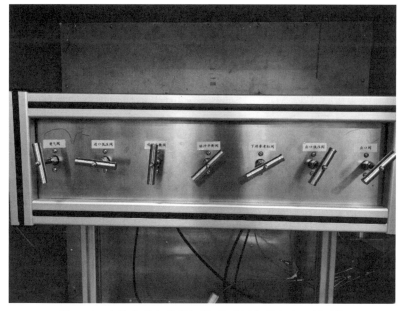

图 5-17　实验设备中的进气阀、脉冲平衡阀和出口阀开关

7）关机

首先卸载气压，在 ER5000 气泵的控制软件上以 0.1MPa 为梯度降低气压直至 0MPa，关闭 ER5000 气泵及气瓶。然后卸载轴压与围压，在轴压与围压阀的显示屏上设置以 0.5MPa 为梯度降低轴压围压直至 0MPa 并关闭排液阀。最后关闭轴压阀与围压阀；关闭煤岩渗透率测试装置与软件、加热柜；关闭进气阀、出气阀，取下岩芯夹持器，取出样品，实验结束。

注意事项：①装样时对于易碎样品夹持器不宜拧太紧，容易使样品开裂；②控制阀门拧至标注的黑点即可，避免损坏阀门；③ER5000 气泵反应非常灵敏，请务必检查输入压力后再点击确认，防止压力设置过大损坏流量计。

6 实验结果与应用

在使用稳态法测定岩样的渗透率值时，考虑到实验设备的渗透率测试软件内置了计算程序，因此只需要在软件内输入相应的参数（样品的直径和长度、气体黏度以及大气压强），然后选择合适的流量计，就可以直接得到样品的渗透率值。详细的计算过程可以参考稳态法实验原理。

瞬态法测定渗透率，需要依据实验得到的相关数据并根据计算公式来计算得到。计算公式（Ghanizadeh et al.，2014）为

$$k = -\frac{\upsilon \mu L}{A p_m \left(\dfrac{1}{V_{up}} + \dfrac{1}{V_{dn}}\right)} \tag{5-4}$$

式中：k 为气体渗透率，m^2；υ 是在半对数坐标上绘制压力衰减 $p_{up}(t) - p_{dn}(t)$ 随时间变化时的直线斜率；μ 是流体黏度，$mPa \cdot s$；L 是样品长度，cm；A 是样品横截面面积，cm^2；p_m 是平均孔隙压力，Pa；V_{up} 和 V_{dn} 是上游和下游标准室体积，cm^3。由于动力黏度会随着温度压力的改变产生变化，为了使计算更加精确，此次所取动力黏度数值均来自于美国国家技术标准局（NIST）的规范。

渗透率实验原始结果包含：进口低压（p_1）、出口低压（p_2）、记录时间（t），因此可以得到相应的平均孔隙压力 p_m 的数据。利用 $\ln(p_1 - p_2)$ 与时间的线性拟合直线进行计算，拟合直线的斜率就是参数 υ，如图 5-18 所示，具体数据见表 5-2。所有的相关参数都已收集，最后就可以根据公式来计算相应的渗透率值，如表 5-3 所示。

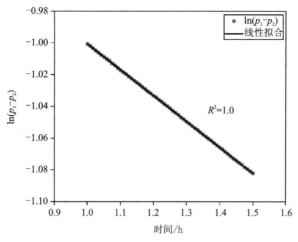

图 5-18　$\ln(p_1-p_2)$ 与时间的线性拟合关系

表 5-2　样品岩芯的实验原始数据与处理

时间/h	进口低压 p_1	出口低压 p_2	p_1-p_2	$\ln(p_1-p_2)$	p_m
1	0.656 69	0.289 120	0.367 57	−1.000 84	0.472 91
1.008 333	0.656 44	0.289 340	0.367 10	−1.002 12	0.472 89
1.016 667	0.656 17	0.289 560	0.366 61	−1.003 46	0.472 87
1.025	0.655 94	0.289 870	0.366 07	−1.004 93	0.472 91
1.033 333	0.655 71	0.290 120	0.365 59	−1.006 24	0.472 92
1.041 667	0.655 42	0.290 380	0.365 04	−1.007 75	0.472 90
1.05	0.655 21	0.290 610	0.364 60	−1.008 95	0.472 91
1.058 333	0.655	0.290 820	0.364 18	−1.010 11	0.472 91
1.066 667	0.654 81	0.291 100	0.363 71	−1.011 40	0.472 96
1.075	0.654 51	0.291 410	0.363 10	−1.013 08	0.472 96
1.083 333	0.654 27	0.291 600	0.362 67	−1.014 26	0.472 94
1.091 667	0.654 02	0.291 920	0.362 10	−1.015 83	0.472 97
1.1	0.653 73	0.292 160	0.361 57	−1.017 30	0.472 95
1.108 333	0.653 50	0.292 370	0.361 13	−1.018 52	0.472 94
1.116 667	0.653 30	0.292 590	0.360 71	−1.019 68	0.472 95
1.125	0.653 02	0.292 840	0.360 18	−1.021 15	0.472 93
1.133 333	0.652 83	0.293 070	0.359 76	−1.022 32	0.472 95
1.141 667	0.652 55	0.293 300	0.359 25	−1.023 74	0.472 93
1.15	0.652 35	0.293 580	0.358 77	−1.025 07	0.472 97
1.158 333	0.652 16	0.293 840	0.358 32	−1.026 33	0.473 00

续表 5-2

时间/h	进口低压 p_1	出口低压 p_2	$p_1 - p_2$	$\ln(p_1 - p_2)$	p_m
1.166 667	0.651 89	0.294 080	0.357 81	−1.027 75	0.472 99
1.175	0.651 66	0.294 310	0.357 35	−1.029 04	0.472 99
1.183 333	0.651 41	0.294 620	0.356 79	−1.030 61	0.473 02
1.191 667	0.651 19	0.294 850	0.356 34	−1.031 87	0.473 02
1.2	0.650 95	0.295 130	0.355 82	−1.033 33	0.473 04
1.208 333	0.650 69	0.295 280	0.355 41	−1.034 48	0.472 99
1.216 667	0.650 45	0.295 580	0.354 87	−1.036	0.473 02
1.225	0.650 24	0.295 780	0.354 46	−1.037 16	0.473 01
1.233 333	0.649 98	0.296 050	0.353 93	−1.038 66	0.473 02
1.241 667	0.649 78	0.296 280	0.353 50	−1.039 87	0.473 03
1.25	0.649 50	0.296 530	0.352 97	−1.041 37	0.473 02
1.258 333	0.649 26	0.296 830	0.352 43	−1.042 90	0.473 05
1.266 667	0.649 01	0.297 030	0.351 98	−1.044 18	0.473 02
1.275	0.648 84	0.297 260	0.351 58	−1.045 32	0.473 05
1.283 333	0.648 57	0.297 550	0.351 02	−1.046 91	0.473 06
1.291 667	0.648 38	0.297 830	0.350 55	−1.048 25	0.473 11
1.3	0.648 10	0.298 030	0.350 07	−1.049 62	0.473 07
1.308 333	0.647 87	0.298 270	0.349 60	−1.050 97	0.473 07
1.316 667	0.647 62	0.298 510	0.349 11	−1.052 37	0.473 07
1.325	0.647 41	0.298 770	0.348 64	−1.053 72	0.473 09
1.333 333	0.647 18	0.298 920	0.348 26	−1.054 81	0.473 05
1.341 667	0.646 93	0.299 210	0.347 72	−1.056 36	0.473 07
1.35	0.646 77	0.299 520	0.347 25	−1.057 71	0.473 15
1.358 333	0.646 51	0.299 730	0.346 78	−1.059 06	0.473 12
1.366 667	0.646 26	0.299 940	0.346 32	−1.060 39	0.473 10
1.375	0.646 07	0.300 170	0.345 90	−1.061 61	0.473 12
1.383 333	0.645 84	0.300 460	0.345 38	−1.063 11	0.473 15
1.391 667	0.645 57	0.300 710	0.344 86	−1.064 62	0.473 14
1.4	0.645 34	0.300 900	0.344 44	−1.065 84	0.473 12
1.408 333	0.645 17	0.301 110	0.344 06	−1.066 94	0.473 14
1.416 667	0.644 90	0.301 420	0.343 48	−1.068 63	0.473 16

续表 5-2

时间/h	进口低压 p_1	出口低压 p_2	p_1-p_2	$\ln(p_1-p_2)$	p_m
1.425	0.644 67	0.301 610	0.343 06	−1.069 85	0.473 14
1.433 333	0.644 47	0.301 930	0.342 54	−1.071 37	0.473 20
1.441 667	0.644 19	0.302 150	0.342 04	−1.072 83	0.473 17
1.45	0.644 02	0.302 360	0.341 66	−1.073 94	0.473 19
1.458 333	0.643 76	0.302 600	0.341 16	−1.075 40	0.473 18
1.466 667	0.643 57	0.302 800	0.340 77	−1.076 55	0.473 19
1.475	0.643 27	0.303 100	0.340 17	−1.078 31	0.473 19
1.483 333	0.643 08	0.303 310	0.339 77	−1.079 49	0.473 20
1.491 667	0.642 83	0.303 550	0.339 28	−1.080 93	0.473 19
1.5	0.642 66	0.303 800	0.338 86	−1.082 17	0.473 23

表 5-3 渗透率计算表

符号	值	单位	符号	值	单位
V_{up}	20	cm³	L	3.85	cm
V_{dn}	20	cm³	A	4.97	cm²
μ	0.02	cp	υ	−0.163	
p_{mean}	0.29	MPa	k	1.59×10⁻¹⁸	m²

注:υ 为拟合直线的斜率,通过式(5-4)计算即可求得渗透率 k。

渗透率测试实验除了测定岩样本身渗透率之外,还可以通过改变参数或实验条件,对渗透率的影响因素进行探讨或研究分析储层的应力敏感性等(Zhang et al., 2015;蒋长宝等,2022)。李俊乾等(2013)在论文《气体滑脱及有效应力对煤岩气相渗透率的控制作用》中,对沁水盆地的无烟煤样品,测试了 4.3MPa 围压条件下煤岩气相(氦气)渗透率变化特征(图 5-19),基于气体滑脱及有效应力效应分析进一步探讨了渗透率变化的控制机理(图 5-20)。

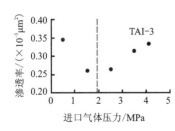
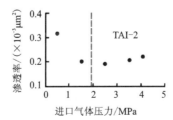
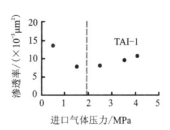

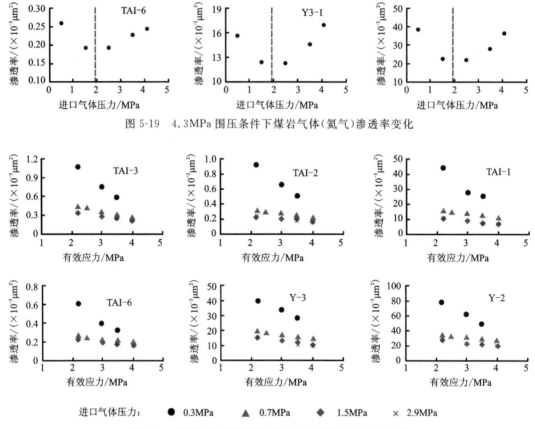

图 5-19　4.3MPa 围压条件下煤岩气体(氦气)渗透率变化

图 5-20　煤岩气体(氦气)渗透率与有效应力之间的关系

通过煤岩渗透率检测装置,开展了鄂尔多斯盆地东缘典型煤样的渗透率测试,并分析了应力和温度对渗透率的影响(增泉树和王志明,2020)。

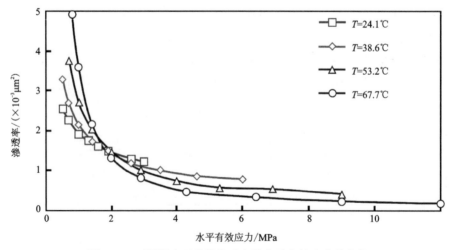

图 5-21　不同温度下煤岩渗透率随水平有效应力的变化

7 注意事项

(1)实验采用精密仪器,注意操作规范。
(2)注意气体切换操作。
(3)在进行样品测试时如果出现问题,应及时咨询仪器管理人员。

主要参考文献

傅雪海,陆国桢,秦杰,等,1999.用测井响应值煤层气含量拟合和煤体结构划分[J].测井技术,23(2):112-115.

傅雪海,秦勇,韦重韬,2007.煤层气地质学[M].徐州:中国矿业大学出版社.

甘华军,王华,严德天,2010.高、低煤阶煤层气富集主控因素的差异性分析[J].地质科技情报,29(1):56-60.

葛燕燕,李升,冯硕,2016.基于不同温压条件等温吸附实验的低煤级储层吸附气含量估算方法[J].中国矿业,25(8):161-165+170.

郝琦,1987.煤的显微孔隙形态特征及其成因探讨[J].煤炭学报(4):51-56+97-101.

贾雪梅,蔺亚兵,马东民,2019.高、低煤阶煤中宏观煤岩组分孔隙特征研究[J].煤炭工程,51(6):24-27.

蒋长宝,余塘,魏文辉,等,2022.加卸载应力作用下煤岩渗透率演化模型研究[J].岩土力学,43(S1):13-22.

孔伟思,方石,袁魏,等,2015.镜质体反射率的研究现状[J].当代化工,44(5):1020-1028.

李俊乾,刘大锰,姚艳斌,等,2013.气体滑脱及有效应力对煤岩气相渗透率的控制作用[J].天然气地球科学,24(5):1074-1078.

刘大锰,李振涛,蔡益栋,2015.煤储层孔-裂隙非均质性及其地质影响因素研究进展[J].煤炭科学技术,43(2):10-15.

沈忠民,魏金花,朱宏权,等,2009.川西坳陷煤系烃源岩成熟度特征及成熟度指标对比研究[J].矿物岩石,29(4):83-88.

苏现波,吴贤涛,1996.煤的裂隙与煤层气储层评价[J].中国煤层气(2):88-90.

王飞宇,何萍,程顶胜,等,1996.镜状体反射率可作为下古生界高过成熟烃源岩成熟度标尺[J].天然气工业(4):24-28.

王生维,张明,庄小丽,等,1996.煤储层裂隙形成机理及其研究意义[J].地球科学(6):73-76.

ХодотВВ,1966.煤与瓦斯地质[M].宋士钊,译.北京:中国工业出版社.

杨甫,贺丹,马东民,等,2020.低阶煤储层微观孔隙结构多尺度联合表征[J].岩性油气藏,32(3):14-23.

姚伯元,李德平,2013.煤镜质体反射率测定条件与测定值分析[J].煤田地质与勘探,41(5):11-16.

姚艳斌,刘大锰,2013.煤储层精细定量表征与综合评价模型[M].北京:地质出版社.

姚艳斌,刘大锰,汤达祯,等,2010.沁水盆地煤储层微裂隙发育的煤岩学控制机理[J].中国矿业大学学报,39(1):6-13.

曾泉树,汪志明,2020.鄂尔多斯盆地东缘煤岩渗透率的应力和温度敏感特征[J].石油科学通报,5(4):512-519.

张慧,2001.煤孔隙的成因类型及其研究[J].煤炭学报(1):40-44.

张慧,王晓刚,1998.煤的显微构造及其储集性能[J].煤田地质与勘探(6):34-37+75.

张尚虎,汤达祯,王明寿,2005.沁水盆地煤储层孔隙差异发育主控因素[J].天然气工业,25(1):37-40.

张翔,陶云奇,2011.不同温度条件下煤对瓦斯的等温吸附实验研究[J].煤炭工程(4):87-89.

GHANIZADEH A, AMANN-HILDENBRAND A, GASPARIK M, et al., 2014. Experimental study of fluid transport processes in the matrix system of the European organic-rich shales: II. Posidonia Shale (Lower Toarcian, northern Germany) [J]. International Journal of Coal Geology,123:20-33.

HOU S, WANG X, WANG X, et al., 2017. Pore structure characterization of low volatile bituminous coals with different particle size and tectonic deformation using low pressure gas adsorption[J]. International Journal of Coal Geology, 183:1-13.

IUPAC (International Union of Pure and Applied Chemistry), 1994. Physical chemistry division commission on colloid and surface chemistry, subcommittee on characterization of porous solids: recommendations for the characterization of porous solids [J]. Pure and Applied Chemistry,66:1739-1758.

KNOX L M, HADRO J, 1997. Coalbed methane in Upper Silesia, Poland-A comprehensive, integrated study[C]// Proceedings of 1997 International coalbed methane symposium, The University of Alabama, USA.

LIU B, TENG J, MASTALERZ M, et al., 2020. Assessing the thermal maturity of black shales using vitrinite reflectance: Insights from Devonian black shales in the eastern United States[J]. International Journal of Coal Geology, 220:103426.

PASHIN J C,2009. Variable gas saturation in coalbed methane reservoirs of the Black Warrior Basin: Implications for exploration and production[J]. International Journal of Coal Geology, 82(3-4):135-146.

QIU Y, LI Z, HAO S, 2017. Comparison between steady state method and pulse transient method for coal permeability measurement[C]//IOP Conference Series: Earth and Environmental Science. IOP Publishing, 64(1):12013.

SANDER R, PAN Z, CONNELL L D, 2017. Laboratory measurement of low permeability unconventional gas reservoir rocks: A review of experimental methods[J]. Journal of Natural Gas Science and Engineering, 37:248-279.

SING K S W, EVERETT D H, HAUL R A W, et al., 1985. Reporting physisorption data for gas/solid systems with special reference to the determination of surface area and porosity[J]. Pure and Applied Chemistry, 57:603-619.

WELTE D H, TISSOT P, 1984. Petroleum formation and occurrence[M]. Verkag: Springer.

ZHANG F, JIAO Y, WU L, et al., 2019. Enhancement of organic matter maturation because of radiogenic heat from uranium: A case study from the Ordos Basin in China[J]. AAPG Bulletin, 103(1): 157-176.

ZHANG J, FENG Q, ZHANG X, et al., 2015. Relative permeability of coal: a review [J]. Transport in Porous Media, 106: 563-594

附　录

内生裂隙:成煤过程中,成煤物质特别是均一镜质体,受到地壳温度和压力的影响,体积收缩产生内应力生成的裂隙。

外生裂隙:在煤层形成后,受构造运动影响而产生的。特点是①出现在煤层的任何部分,并往往穿过几个煤岩分层;②以各种角度与煤层层理相交;③裂隙面上常有波状、羽毛状擦痕等;④外生裂隙有时沿既成的内生裂隙重叠发生,掩盖了内生裂隙并改造或使之加深加长。

镜质体反射率(R_o):最重要的有机质成熟度指标,并用来标定从早期成岩作用直至深变质阶段有机质的热演化程度。

比表面积:指单位质量物料所具有的总面积。

孔径:本书指的是孔隙的直径。

临界解吸压力:煤层降压过程中煤层气开始解吸时刻对应的压力被称为煤层气临界解吸压力,即指在等温曲线上煤样实测含气量所对应的压力。

吸附平衡:在一个封闭的系统里,煤颗粒表面上同时进行着吸附和解吸过程,当这两种作用的速度相等(即单位时间内被表面吸留的分子数等于离开表面的分子数)时,在颗粒表面的分子数维持某一个定量,即吸附平衡。

Langmuir体积(V_L):反映最大吸附能力,与温度、压力无关,取决于煤的性质。

Langmuir压力(p_L):反映煤层气解吸的难易,值越低,脱附越容易,对开发越有利。

孔隙度:岩样中所有孔隙空间体积之和与该岩样体积的比值。

达西定律:描述饱和土中水的渗流速度与水力坡降之间的线性关系的规律,又称线性渗流定律。

轴压:在本书内是指样品柱在夹持器内轴向上受到的压力,称为轴压。

围压:在本书内是指样品柱在夹持器内周围受到的压力,称为围压。

应力:物体由于外因(受力、温度场变化等)而变形时,在物体内各部分之间产生相互作用的内力。

上下游气体压力：在本书内是指夹持器进气端（上游）和出气端（下游）的气体压力，由高精度压力表测量。

可压缩气体：指具有可压缩性的气体。

黏度：指流体对流动所表现的阻力。

压力脉冲：在本书内是指给定的一个短暂时间的固定压力。